棘手又迷人的数学

当数学遇上诗歌

易南轩 / 编著

科学出版社
北京

内 容 简 介

"数学"与"诗歌",看似在两条道上跑步的"行者",没有交集,其实,两者从山麓分手,却在山顶汇合.当变幻莫测的"高冷"数学与撩人心弦的"柔美"诗歌相遇时,"寓数于诗,融诗于数",既充满着想象、智慧、灵感、章法、和谐与挑战,又装载着创造、激情与力量……

唐诗、宋词、元曲……像是一片璀璨的文学天空,为我们留下数不尽的艺术星辰;而数学则如同穿游在其间的陨石,虽来去匆匆,却不失为一幕瑰丽的风景.诗歌中隐含着许多数学知识,可从数学知识上了解诗歌的魅力;而数学中常用的许多思想方法,也可供诗人借鉴.

数学爱好者和诗歌爱好者在本书中将会领略数学与诗歌的交融,体味数学家与诗人相通的意境,正如徐志摩的"轻轻的,我走了,正如我轻轻的来……"

图书在版编目(CIP)数据

当数学遇上诗歌/易南轩编著. —北京:科学出版社,2017.1
(棘手又迷人的数学)
ISBN 978-7-03-050400-5

Ⅰ.①当… Ⅱ.①易… Ⅲ.①数学–普及读物 Ⅳ.①O1-49

中国版本图书馆 CIP 数据核字(2016)第 262921 号

责任编辑:李 敏/责任校对:钟 洋
责任印制:肖 兴/封面设计:黄华斌

科 学 出 版 社 出版

北京东黄城根北街 16 号
邮政编码:100717
http://www.sciencep.com

中国科学院印刷厂 印刷
科学出版社发行 各地新华书店经销

*

2017 年 1 月第 一 版 开本:720×1000 1/16
2020 年 1 月第三次印刷 印张:19 3/4
字数:400 000
定价:79.00 元
(如有印装质量问题,我社负责调换)

总　　序

数学如一束玫瑰,棘手,但很迷人.

数学的美是迷人的.然而很多漂亮有趣的数学题,开始常常叫人产生无从下手之感,所以数学又常常是棘手的.其中组合数学的问题更是五花八门,几乎每个题目都要有独特的思路,使你在解题的思考过程中得以充分享受"从山重水复走向柳暗花明"的乐趣,体验在百思不解后豁然开朗的快乐.

擅长组合数学的柳柏濂先生,从他多年研究成果和数学教学的思考中撷取精华,写成十几篇数学小品与读者共同分享,其书名取为《数学,棘手但很迷人》,是非常贴切的.

这本书是本丛书的第一册,丛书其他分册内容形式多有不同而各具特色.编者用"棘手又迷人的数学"作为丛书的书名,想来主要是希望读者从多个角度领略数学的迷人和棘手之处.

柳先生的这些短文,引领我们走进一个颇有深度的数学世界.他不满足于浮光掠影或眼前一亮,而是与读者一同思考和探索.在脍炙人口的"阿凡提传奇"中,他选取了一个巧拆金环的故事,让我们在惊叹中,欣赏数论的完备分拆和有关的新结果.接着,作者带领我们从动物园的栅栏前和每天上下往返的楼梯中,走向组合数学的前沿观光;又从法国著名数学家傅里叶的经典提问,谈到中国古代的数学泰斗祖暅的数学原理;从生命科学"克隆羊"的伟大成就谈起,把现代图论的知识和思维奉献给读者.其他如从有机化合物谈到红楼梦的族谱,再引出信息科学技术中的密码、树结构和有相当难度的机器证明;从宋代词人的名句将我们引向他的研究专题"组合矩阵论"中寻寻觅觅;又在绞肉机旁,把函数的迭代引向"混沌"的动力系统理论;在眼花缭乱的应用中,我们领会了数学模型的真谛,尝到了数学的美味……"棘手但很迷人",也就成为作者与读者的共同体验了.作者用几乎是文学而不是数学的笔触,给我们娓娓道出现代数学的"故事".这不是东采西摘的材料堆砌,而是一个二十多年来承担国家自然科学基金任务的教授在研究之余的思想札记.

"棘手但很迷人",这是数学学习甘苦的内心独白,也是数学探索"无限风光在险峰"的壮志豪言.

古老的幻方,是棘手但却迷人的数学主题之一.吴鹤龄先生为"好玩的数学"丛书写了一本《幻方及其他——娱乐数学经典名题》(第二版),引得许多读者对幻方入迷而且跃跃欲试,詹森先生就是其中之一.詹先生玩幻方玩得熟能生巧,玩出了创新,把"棘手"玩成了顺手.于是他为本丛书写了一本《你亦可以造幻方》,与读者分享成功的快乐.书中提供了构造奇数阶的幻方、完美幻方、对称幻方、对称完美幻方、奇偶数分开的对称幻方等多种构造幻方的方法.构造一个这样的幻方,只需两步或三步,这两三步小学生都可以做到.即使你还没有完全理解其中的道理,也能造出许多个有各种特色的幻方.

具有不确定性的事件叫随机事件.随机事件的数学问题常常是迷人而棘手的.在"好玩的数学"丛书中《趣味随机问题》一书的作者孙荣恒教授,这次又为我们带来了一串新的故事.他的新作《概率统计拾遗》,从平凡中发掘惊奇,给读者一个又一个意外.比如打麻将要掷骰子定庄的问题.有人认为自己掷骰子对自己坐庄有利,想自己坐庄者常抢着掷;有的人认为谁掷都一样,4家坐庄机会均等,都是1/4.两种看法哪一种正确?意外的答案是都错了.由此引出的纸上作业法,有各种各样的应用.又如由鞋子配对引出的S矩阵给出四同、五同等问题的简单计算法.孙先生通过简单、严谨的分析计算,得出的结论令人口服心服,其方法平凡而又有启发性.像这样来自生活的看似平凡其实暗藏玄机的问题书中不少,有的例子涉及考生的成绩,有的例子涉及法官的判决,要想真正想明白,真是要有不怕棘手的精神.

　　如果在棘手的辛劳之余想轻松一下,就翻翻本丛书中的另一本《邮票王国中的迷人数学》吧.作者之一是大家熟悉的易南轩老师,他的《数学美拾趣》(第二版)深受读者欢迎,也是"好玩的数学"丛书中的一册.另一位作者王芝平老师也是作品颇丰的数学教育专家.两位老师花费了三年多的光阴和心血,收集整理了1300多枚与数学有关的邮票,按图索骥,向我们一一道来.邮票的轮廓联系着各种几何形体,邮票的主题或涉及数学史上的事件,或纪念数学家的丰功伟绩,或展示数学的应用,琳琅满目,美不胜收.联系着这上千余枚邮票,作者纵横畅叙,笔墨酣畅,谈古论今,说天看海,大至卫星飞船,小至象棋游戏,都和数学的美妙关联起来.不论是数学爱好者、集邮爱好者或一般的读者,都能在阅读此书时享受人类文明之雅趣.不过这并不棘手,棘手的工作作者已经代我们辛劳了.

　　易南轩老师对邮票上的数学意犹未尽,又推出了新著《邮票苍穹中最亮的108颗数学之星》让我们通过邮品结识了许多在历史长河中有重要影响的数学家.数学爱好者会对这些精美的邮品兴味盎然;集邮爱好者则可从中了解到许多数学家的故事及相关的数学知识,可增进对数学的兴趣.数学教师在介绍数学家和

一些数学知识时,可从中挑选出与之相关的几枚邮票,穿插、融汇于教学之中,会把数学讲授得更加形象生动、更加有趣诱人!

易南轩老师奉献给读者的又一作品,书名叫做《当数学遇上诗歌》.最冷静的科学与最热情的艺术相遇,会是怎样的奇景呢? 描述分析这奇景的来龙去脉,是棘手的任务,又是迷人的向往. 易老师带着数学的冷静和诗人的热情,娓娓道来,告诉我们一个又一个数学遇上诗歌的故事. 我们看到:用数学的思维和方法去认识诗歌,就会发现诗歌的别样美丽;从诗歌的角度来欣赏数学,就会发现数学的别样精彩.文学修养与数学思维都是现代人不可或缺的文化素质,当今社会正迫切呼唤人文素养和理性精神兼备的人才出现. 读这本书,当利于文理素养的比翼双飞,相互促进.

本丛书的读者可能有男女老少,可能术业各有专攻,对数学的理解和鉴赏的角度与能力各不相同.有人认为棘手的问题,也有人能够驾轻就熟地手到擒来.但编者希望并且相信,每位翻阅过丛书的朋友都能从中看到几点迷人的星光;果真如此,那将是作者和编者最大的快乐.

中国科学院院士

计算机科学家、数学家

张景中

2011 年 11 月 9 日初稿

2016 年 10 月 6 日补正

前　言

　　中国科学院前院长卢嘉锡先生在为《大科学家文丛》写的"总序"中指出:"强调文理交融,在把我们的事业推向 21 世纪的今天,不但有针对性,而且有紧迫性.""要强调综合性和整体性的素质教育……成为某一方面的专才、并不是我们教育的全部目标."

　　我国著名数学家、数学教育家苏步青先生认为:"理工科大学生搞点形象思维,读点诗词,对打开思路、活跃思想是很有好处的."

　　1959 年 5 月 28 日,华罗庚教授在《人民日报》上发表了"大哉数学之为用",精彩地叙述了数学的各种应用:宇宙之大、粒子之微、火箭之速、化工之巧、地球之变、生物之谜、日用之繁等各个方面,无处不有数学的重要贡献.如今,数学已渗透到了整个自然科学甚至社会科学.我们在日常生活中常接触到的股票、房产、会计、销售、物流、行情等也都离不开数学.因此,文科大学生也应该学点数学.

　　文学修养与数学思维都是现代人不可或缺的文化素质,当今社会正迫切呼唤人文素养和理性精神兼备的人才出现.

　　本书书名是"当数学遇上诗歌".而"数学"是最冷静的科学,"诗歌"是最热情的艺术,这看似风马牛不相及在两条道上跑的车,它们的相遇会有怎样的情况呢?

虽然"数学"与"诗歌":一个冷静,一个热情;一个严肃,一个活泼;一个理性,一个感性.其实,如果我们用数学的思维和方法去认识诗歌,就会发现诗歌的别样美丽;如果我们从诗歌的角度来欣赏数学,就会发现数学的别样精彩.当我们深入数学领域并用诗歌的角度来欣赏数学时就会发现:数学,如诗般美丽!

我们认为,数学与诗歌的共性有如下几点:

一、数学研究的理念如同诗歌的创作;

二、和谐与简洁是数学和诗歌共同的追求;

三、数学中的"对偶"与诗歌中的"对仗"有"异曲同工"之妙;

四、数学和诗歌的创作都需要有丰富的直觉和想象;

五、数学研究和诗歌创作都需要有美感.

著名作家王蒙在《我的人生哲学》一书中有一篇"最高的诗是数学"的文章中提到:"最高的数学和最高的诗一样,都充满了想象,充满了智慧,充满了创造,充满了章法,充满了和谐也充满了挑战.诗和数学又都充满灵感,充满激情,充满人类的精神力量."

数学,当所有的推理奇妙地组合在一起,指向一个伟大的结论时,是那样鲜明生动,像蜿蜒的山路,石缝的清泉.唐诗、宋词是一片璀璨的文学天空,为我们留下数不尽的艺术星辰,而数学则如同穿游在其间的陨石,虽来去匆匆,却不失为一幕瑰丽的风景."寓数于诗,融诗于数",使我们所得到的应该比二者分开时要多得多,这便是 1+1>2 的道理.

数学和诗歌的内在联系,在于意境,即诗歌中的数学意境.

我国的古诗词本来就很美,如果能把数学的意境运用进去可能会更有意想不到的美.中国悠久历史所积淀出来的文学底蕴,为中国的数学染上了一层夺目的色彩,这就是数学的文采.诗歌中隐含着许多数学知识,可从数学知识上了解诗歌的魅力;而数学中常用的许多思想方法,也可供诗人借鉴.让我们步入诗歌之林,去寻寓数学意境之诗吧!

让我们来看看几位著名学者关于文学与数学的远见卓识:

大文豪雨果说:"数学到了最后阶段就遇到想象,在圆锥曲线、对数、概率、微积分中,想象成了计算的系统,于是数学也成了诗."

美国当代数学家 M. 克莱因说:"音乐能激发或抚慰情怀,绘画使人赏心悦目,诗歌能动人心弦,哲学使人获得智慧,科技可以改善物质生活,但数学却能提供以上的一切."

我国著名科学家钱学森提出,现代科学六大部门(自然科学、社会科学、数学科学、系统科学、思维科学、人体科学)应当和文学艺术六大部门(小说杂文、诗词歌赋、建筑园林、书画造型、音乐、综合)紧密携手,才能有大的发展.

我们再来看看数学家与诗人之间的相通之处吧.首先看看国内数学家的文学修养:

华罗庚不仅是一位数学大师,他还热爱中国古文化,留下不少诗文作品.他写的《统筹方法》被选入中学语文教材.华先生的诗"勤能补拙是良训,一分辛苦一分才".更是激励了莘莘学子.华罗庚吟诗作对,是一把好手,下面的对联,更是广为流传:

三强韩赵魏,九章勾股弦.

陈省身:沃尔夫奖获得者,世界级的几何大师.1980 年,在中科院的座谈会上即席赋诗,把现代数学和物理学中的最新概念纳入优美的意境中,讴歌数学的奇迹,毫无斧凿痕迹.

数学大师苏步青说过这样一段话:"深厚的文学、历史基础

是辅助我登上数学殿堂的翅膀,文学、历史知识帮助我开拓思路,加深对数学的理解.以后几十年,我能吟诗填词,出口成章,很大程度上得力于初中时文理兼治的学习方法.我要向有志于学习理工、自然科学的同学们说一句话:打好语文、史地基础,可以帮助你们跃上更高的台阶."苏老与诗打交道70余年,被人们称为"诗人数学家".

囊括菲尔兹奖、沃尔夫奖、克拉福德奖三个世界顶级大奖的数学大师丘成桐的最大成就是对"卡拉比猜想"的证明.当他完成证明时,有种物我相融的感觉,用"落花人独立,微雨燕双飞"来形容当时的感受.丘成桐以其深厚的文学功底创作了大量高水平的诗文辞赋.被人们誉为"诗人科学家".

在国外亦是如此,历史上许多大数学家都有较好的文学修养:

笛卡儿对诗歌情有独钟;莱布尼茨从小对诗歌和历史怀有浓厚兴趣;高斯在哥廷根大学就读期间,最喜好的两门学科是数学和语言学;数学家柯西有《论诗词创作法》一书问世;数学教育家波利亚喜欢大诗人海涅的作品;俄国女数学家索菲亚·柯瓦列夫斯卡娅在文学上也享有盛名,以至于她一辈子也无法决定到底更偏爱数学还是更偏爱文学;英国数学家哈代的《一个数学家的自白》,以其文字的优美与感情的真挚震撼了许多人.

那位满腹经纶的波斯数学家奥马·海亚姆在诗歌史上的地位甚至超过他在数学史上的地位(以《鲁拜集》(四行诗集)一书而闻名于世);而英国著名哲学家、数学家罗素,也是一位文学家.这位非科班出身的文学家竟获得了1950年的诺贝尔文学奖.

谁能说数学和文学犹如鱼和熊掌而不可兼得！谁能说这两种文化间的鸿沟不可逾越！

再看看文人的数学情怀：

在诗中喜用数字，使得我国有许多诗人在有意或无意中显露出了他们的数学情怀：

初唐四杰之一的骆宾王与好用数字的杜牧，被人称为"算博士"；白居易将算术引入诗中，计算的是人生历程；苏东坡的"苏轼分田"为数学家们津津乐道，就连他的画作《百鸟归巢图》也和数学有着奇妙的联系；而黄庭坚与辛弃疾都有着很好的会计涵养与会计核算法；在李白诗中数字更是得到了巧妙地运用，无论是将数字用于简约、用于计量、用于对比、用于夸张，还是将数字连用，都是用得那样恰如其分，李白可称得上是运用数字的高手！

现代如赵元任先生是我国著名的语言学家、音乐家，同时又与数学颇有渊源；谁能想到徐志摩的"轻轻的，我走了，正如我轻轻的来"，竟然是一道数学题！而领袖诗人毛泽东更是偏爱数字，他的诗词中数字用得多，用得圆熟流转，有的地方简直达到了化境！

在国外，一些文学家也显示出对于数学的兴趣和才能.例如：

与雪莱同时期的数学家怀特海评价雪莱的诗道："只有内心世界展现着一幅特定几何图形的人才能写出这样的诗歌，而讲解这张图形，常常正是我在数学课堂中要做的事情."

作家陀思妥耶夫斯基，还有诺贝尔文学奖得主索尔仁琴等都曾受过很好的数学训练.俄国伟大的作家列夫·托尔斯泰曾经写过一个算术课本，里面就有他非常喜爱、解法多样的"割草人问题";世界级名人歌德都对数学情有独钟.

原来数学家与文学家的意境竟有如此之相通！数学与诗歌,逻辑思维和形象思维的两个极致,居然会有奇妙的交集.直让人领略到了"诗意的数学"和"数意的诗歌".

数学工作者(包括数学家和数学教师)的文学修养,也反映在他们的诗作中：

在国外,如牛顿的《三顶冠冕》,雅各布·伯努利的《猜想的艺术》等,更有号称"波斯李白"的奥马·海亚姆,以《鲁拜集》流传后世,经久不衰.

除了数学家的诗作外,我们还收集了一些坚持在教学第一线的中学数学教师的诗作.他们在辛勤教学之余,也利用诗歌来抒发自己对人生、对数学、对自然和对师友的情怀.但因信息有限,只是从网上收集到有限的几位中学数学教师的诗作.

我们还收集了一些对数学工作者(包括数学家和数学教师)赞美的诗歌：

我们深深体会到数学家追求真理的热忱以及他们多彩的人生,应该对他们予以热情的歌颂！而对那些"忙忙碌碌,终其一生"的数学教师,可说是"照亮了别人,毁灭了自己"的红烛,我们也应当去尊重、去歌颂他们.但是,我们更希望能出现"既照亮了别人,又提高了自己"的"创造型""专家型""学者型"的数学教师！

下面,我们从多方面来谈谈数学与诗歌的关联与融合：

首先是"杂谈数学诗歌"：谈及数学诗歌的溯源、发展与盛行及到底什么是数学诗.还有歌咏数学的旧体诗和现代诗.本书所说的"诗歌"是广义的,包括有"诗、词、歌、赋、联、(元)曲".古

棘手又迷人的数学

当数学遇上诗歌——

X

代诗词及楹联中的"数字情结",反映了数字在文学乃至一切文章中不可替代的特殊地位,也证明了数字非但不是"抽象和枯燥乏味",而且是韵致隽永、回味无穷的.从而有数字入诗(包括数字在唐诗、宋词、元曲、楹联等中的运用)和数学诗题(用诗歌的形式述说的数学题).还有诗、数"形似"的回文数与回文诗,杨辉三角与对称诗等篇.

最后一章名为"诗歌打趣数学":

有对数学调侃的打油诗,也有对数学至深情感流露的情诗、情书,还有对数学老师祝福的短信和对数学抒情的流行歌曲等有趣内容.

《当数学遇上诗歌》的编写:从内容讲,没有单一数学的严肃与冷静,而是让数学紧密相随于诗歌,使诗的味道要浓些,以期不失轻松;从意图讲,为正如起始所说的"文理交融"尽一点微薄之力,为"文理沟通"搭一座小小的桥.数学与诗歌的相遇,使我们能看到"数学"与"诗歌"两种美丽及这两种美丽的融合:一是变幻莫测的方程,一是撩人心弦的诗行,他们的相遇,使得在方程的小溪里,诗行在潺潺流淌!

在本书的编写过程中,得到了我教过的阿克苏地区二中1994届高中毕业班学生的大力帮助与支持.他们或帮我打印书的初稿,或询问书完成的进度.对他们的热情与支持,在此表示深切的谢意!

2016 年 3 月 25 日于乌鲁木齐

目　　录

第1章 当数学遇上诗歌

1.1 数学中的诗歌之美

1.1.1 数学之美与诗歌之美

(1)数学之美

数学大师陈省身先生曾不止一次地提出:"数学是美的."

数学的美是神秘的,人们之所以去研究,就是为了揭开她那神秘的面纱.但其中的过程却不那么轻松,不付出汗水,她是不会轻易地露出她的庐山真面目的.正是这种独特的神秘之美,才吸引着人们执著地去苦苦探寻!他们把不懈追求当作无比乐趣,而又将这种乐趣当成艺术享受.著名美学家李泽厚说:"美感是尚待发现和解答的某种未知的数学方程式."

英国大物理学家狄拉克在研究物理学的过程中发现:"如果物理方程在数学上不美,那就标志着一种不足,意味着理论有缺陷,需要改进.有时候,数学美要比与实验相符更重要".狄拉克又说:"上帝使用了美丽的数学来创造这个世界!"

数学的美体现在方方面面:美在她是探求自然与社会现象规律的出发点,美在她仅用几个字母、符号、式子、图形就能表示出诸多复杂的信息,美在她大胆假设和严格论证的巧妙结合,美在她对一个结论论证时出现"殊途同归"的兴奋感受,美在数学家耗尽终生精力去论证某个难题的锲而不舍,美在她是诸多理论的提升与完善,美在她在几乎所有学科中的广泛应用.数学是这个世界之美的原型,数学美充溢整个世界,正如华罗庚先生所说:"宇宙之大,粒子之微,火箭之速,化工之巧,地球之变,生物之谜,日用之繁,无处不用数学."

数学应是如诗如画的:数学是一种智慧,更是一种境界;是一种头脑,更是一种心胸;是一种本领,更是一种态度;是一种职业,更是一种使命;是一种日积月累,更是一种人性的升华.这就是数学的"魅力",这就是"浪漫"的数学.

(2)诗歌之美

诗歌,伴随千百年来中华民族的发展,日积月累,枝繁叶茂,如同一支乐曲,弹者不绝,吟唱至今,历史与诗歌交织,情感与经历融合.在所有的文学体裁里,诗歌无疑是最具审美性的.人们对诗歌的钟情和喜爱,从根本上讲是源于诗歌之美.

诗歌之美,美在包罗万象:有人说,比陆地大的是海洋,比海洋大的是天空,比天空大的是心灵.诗歌反映的正是"有容乃大"的心灵.山河雄壮,气象万千,广袤的宇宙、浩瀚的星空、锦绣大地、万里河山,都为诗歌所描绘.

诗歌之美,美在情真动人:诗歌有丰富的感情和想象,有跳跃的意向,有优美的意境.诗歌以含蓄为美,诗歌的内容必须是能够由此及彼、由表及里、由形入神的;

诗歌之美,美在哲理无穷:诗歌以数句之言,纳万字之哲理,千古传响,历久弥新;

诗歌之美,美在韵味悠长:一首首诗歌,只有细细品味,方觉此中真意;

诗歌之美,美在语言、节奏与韵律:诗歌需要有优美的旋律、铿锵的节奏、凝练的语言、精美的词汇.

诗歌长河奔流不息,波澜壮阔,诗歌之美,难以言尽,它已融入情感,融入历史,融入中华民族的血脉,继往开来,生生不息.

1.1.2　数学与诗歌的关联

诗歌"未成曲调先有情".唯有其情,才能以澎湃的诗意冲击人心,从而引起读者感情的共鸣与思想的震撼;唯有其情,才能使诗人展开想象之翼去寻觅动人的意境.感情,历来是诗人的基本素质,它似乎与数学家无缘.

然而,数学创造之中往往涌动着诗一般不安的激流,闪现着类似于诗人想象的数学家的猜想.如"费马猜想""哥德巴赫猜想""黎曼猜想"等显示出诗人一般的想象和迷人的空灵美.可以说,所有的数学猜想都是数学家激情的产物,都是想象、联想和幻想的产物.因此可以说,激情和想象并不是诗人的专利,也应是数学家必备的素质.

诗歌是"以美启真",数学是"以真启美",虽然方向不同,实则同一.诗词与数学虽一个在山南、一个在山北,但最终,她们必将携手迈向"至美至真"的顶峰!

著名美学家朱光潜曾说过:诗比别类文学较严谨、较纯粹、较精微,这与数学理论能从尽可能少的假设和公理出发,概括尽可能多的经验事实十分相似.

1.1.3　数学与诗歌的共性

诗歌要求有较深的文学造诣,是人文文化中的"阳春白雪";数学严谨而玄妙的理性思维,要求有缜密的头脑,则是科学文化中的"皇后".所以,诗歌与数学可说分别是人文与科学这"两种文化"的精华.

而美的数学,在自古崇尚诗书传世的中国,竟也浸染着扑鼻的

书香.中国悠久历史所积淀出来的文学底蕴,为中国的数学染上了一层夺目的别样颜色,这就是数学的文采.

我们认为,数学和诗歌的共性有如下几点:

(1)数学研究的理念如同诗歌的创作

宋代诗人陆游告诫儿子说:"汝果欲学诗,功夫在诗外."这个诗外就是诗人对日常生活和大自然细致的观察、体验、感知,这是诗歌创作的源泉.做数学研究也与诗歌创作类似,如果没有对数学从宏观和整体上有所领悟,对数学缺乏美感,是不可能作出真正有学术价值的成果的.

(2)和谐与简洁是数学和诗歌同样的追求

无论是数学,还是诗歌,都崇尚简洁,都以"简洁"为美,这也表现了二者之间的亲近.

诗歌是所有文学作品里最追求和谐和简洁的.特别是古诗词讲究平仄和押韵,因此吟诵起来朗朗上口,这就是诗歌的和谐.而数学的简洁与和谐是不言而喻的,一个命题中没有也不能有多余的字(包括数学符号),数学中的公理化体系和数学定理必须是和谐的,一个简明的公式就囊括了世间万事万物的规律.

数学像我国晋朝文人陆机的《文赋》里所歌唱的"笼天地于形内,挫万物于笔端".

而一首传世诗歌佳作,其中每个字都要恰到好处,不能随意改动."二句三年得,一吟双泪流"表现的都是诗人追求"至美"与数学家追求"至真"同样的严谨、执著.

(3)数学中的"对偶"与诗歌中的"对仗"有"异曲同工"之妙

诗歌中的"对仗"能够使意境更加优美、抒情感人,哲理更加深邃.而数学中的"对偶"使得数学理论变得更加深刻,更加优美.中国律诗中的"对仗"是对称美的杰作,律诗读起来朗朗上口,富有音乐的美.其实诗的格律,恰恰就是数学在文学上面一种不经意间的渗透应用.数学的加入,使得原本就富有美感的文字增添了一份别样的美.

(4)数学和诗歌的创作都需要有丰富的直觉和想象

诗人除了要有非凡的语言能力之外,更需要有丰富直觉和想象思维的能力.而数学家提出的"猜想",更是利用了高度的直觉和想象.

当"数学王子"高斯解决了一个困扰他多年的问题(高斯和符号)之后,他的感觉与"李白斗酒诗百篇"的畅快是一样的.这就是数学家和诗人的相通之处.所以,数学家外尔说:"一个数学家必须要具有诗人的气质."而美国的一位语言学家布龙菲尔德则认为:"数学是语言所能达到的最高境界."

(5)数学研究和诗歌创作都需要有美感

数学家哈代曾阐述过数学与诗歌的联系:"数学家的表达形式和诗人一样,都为了追求'美',将不相关的事物结合使之和谐,美是数学和诗歌的共同标准."

著名数学家丘成桐曾经说过:"数学是一门很有意义、很重要的科学,它除了有应用性的方面,还有文学性的方面.文学的最高境界,是美的境界.而数学具有诗歌的内在气质,达到一定境界后,我们也能体会和享受到数学之美."

著名物理学家沈致远(高中语文课本中《说数》的作者)先生说过:"数学是美丽的.因为科学是心灵的微分,诗是心灵的积分,微分与积分分开时各有各的美丽的涟漪,但合起来,能见到壮阔的波澜."我们从诗歌的角度来欣赏数学的美丽,同时从数学的思维方法来认识诗歌,发现诗歌的别样精彩.数学和诗歌,人类的这两种看似迥然不同的文明成果,却各以其对美的追求而显示出的共性而趋向统一.

据说,"数学"在希腊文中的最初意义相当宽泛,是指"学到的或理解了的东西",而"诗学"的最初意思则是"完成的、做好的,或取得的东西".因此,"数学"和"诗"在公元前 4 世纪以前很可能指的同一件事.数学与诗歌,逻辑思维和形象思维的两个极致,居然有奇妙的交集.使人领略到"诗意的数学"和"数意的诗歌".

1.1.4 诗、数意境两相通

数学的美感往往体现在解题后对题目的深刻认识,在穷思竭虑、百思不得其解之时,骤然间,眼前一闪,灵感惊现,这时会让人百感交集,流连忘返.恰如诗中所说的:

"踏破铁鞋无觅处,得来全不费工夫";

"山重水复疑无路,柳暗花明又一村";

"众里寻她千百度,蓦然回首,'妙解'却在灯火阑珊处".

为寻得妙解可谓是"衣带渐宽终不悔,为伊消得人憔悴",于是"风景这边独好","无限风光在险峰"的诗句也便可脱口而出了.

在解题方法的总结时,可以用兵法上的词汇去描述,如:

"声东击西,围魏救赵";"李代桃僵,借刀杀人";"明修栈道,暗度陈仓".

在借用物理、化学以及生活的实例来解题则可用:

"他山之石可以攻玉","曲径通幽".

当题目推广到一个新的情景时,则用:

"满园春色关不住,一枝红杏出墙来";"见一斑而窥全豹";"青山缭绕疑无路,忽见千帆隐映来".

由于看问题的角度不同,解题也就有不同的方法.真是

"横看成岭侧成峰,远近高低各不同".

数学和诗歌的结合到了如此出神入化、引人入胜的境界.

当你眉头紧锁,举步维艰;当你百思不解,徘徊不前;当你穷思竭虑,心躁意烦的时候,骤然间,眼前一闪,灵感惊现! 此时此刻,

会让你心旷神怡,流连忘返,由衷地赞叹:"啊!数学,真是妙不可言!"

1.1.5　数学如诗一般美丽

湖南教育出版社邀请张景中院士与李尚志教授编写的《高中数学新课程标准实验教材》,为了"让学生从数学中享受快乐",这套教材的各章都是由一首美妙的诗引出的.

各章引出的"章头诗",多为李尚志教授执笔.因为李尚志教授认为"数学即是诗,诗即是数学".因此,李教授常常用诗来描述数学.在他脑海里,任何事物都可以找到数学答案,数学因此精彩而美丽.下面列举几首"章头诗",来共同欣赏.

《集合与函数》

　　　日落月出花果香,物换星移看沧桑.

　　　因果变化多联系,安得良策破迷茫.

　　　……

日落月出,花果飘香,物换星移,沧桑变化,都是现实世界中变化的事物,而这些变化都包含了因果关系.函数就是描述现实世界因果关系的一种数学模型.

《立体几何》

　　　锥顶柱身立海天,高低大小也浑然.

　　　平行垂直皆风景,有角有棱足壮观.

这是一幅海边建筑物与碧海蓝天交织成美丽的风景.这首诗就是对这幅画的"看图写诗".现实的建筑物呈现出形状、大小各异的几何体,有锥体,有柱体.几何体中又进一步蕴涵了立体几何中的直线、平面等基本图形,呈现出平行、垂直等基本的位置关系.立体几何就是这样自然地从现实世界中抽象出来的.在叙述数学的

同时,这首诗也包含了一些哲理:事物是丰富多彩的,有大有小,有平行有垂直,并非只有一种形态而排斥另一种形态.

《不等式》

天不均匀地不平,风云变幻大江东.

入水光线改方向,露珠圆圆看晶莹.

……

天地之间,到处是不相等的例子.天不均匀,地不平坦,这才是常态.风云变幻,大江东流,万物都在变化,变化前后就不相等.这里不但举出不等式的具体实例,而且指出不相等才是普遍的、绝对的,而相等反而是特殊的、相对的、近似的.后两句举的是极大极小值的著名例子,"入水光线改方向"说的是光的折射,光在入水后改变方向,发生折射,所花的时间反而最短."露珠圆圆",球形的露珠在保持体积不变的情况下表面积最小.极小值小于其他值,这也是不等式问题.

《三角函数》

东升西落照苍穹,影短影长角不同.

昼夜循环潮起伏,冬春更替草枯荣.

这里依然说的是自然现象.太阳每天东升西落,在苍穹中运转.运转过程中光线照射地面的角度变化,地面物体的影子的长短也就随之变化.同一物体的影子长度与光线角度之间的关系由三角函数(正切函数)描述,除此之外,太阳东升西落,昼夜循环,都是自然界重要的周期现象,三角函数就是描述周期现象的重要数学模型.

由列举的"章头诗"可以看出:数学、诗歌、自然现象,甚至社会现象,都已经和谐地、自然地融为一体了.

1.1.6　最高的诗是数学

著名作家王蒙在《我的人生哲学》一书中有一篇"最高的诗是数学"的文章中提到:

几年前有一位福建的文学评论家说过一句惊人之语,他说:"最高的诗是数学."很多人觉得言之莫名其妙.我却相信他说得极妙,我可以感觉他的论述,却无法充分解释它.我感觉,最高的数学和最高的诗一样,都充满了想象,充满了智慧,充满了创造,充满了章法,充满了和谐也充满了挑战.诗和数学又都充满灵感,充满激情,充满人类的精神力量.那些从诗中体验到数学的诗人是好诗人,那些从数学中体会到诗意的人是好数学家.

我们可以接着王蒙先生的话说:如果你能从数学中体会到诗意,你就不会觉得数学只是以枯燥为自变量的单调函数了.王蒙先生的话,不正好说明了数学与诗歌有着惊人的相同或相似、不正好说明了数学与诗歌的相通与融合、不正好说明了"数学如诗"吗!

1.1.7　"诗化"的数学文学创作——报告文学《哥德巴赫猜想》

1978 年《人民文学》第 1 期发表了诗人徐迟的报告文学《哥德巴赫猜想》,在全国引起了巨大的轰动,它如旋风般震撼着人们的心灵,震撼着中外数学界.《哥德巴赫猜想》的写作,可以说是时代所需,那时正是知识分子的转型期,从"文化大革命"对知识分子的摧残到逐渐恢复.《哥德巴赫猜想》以报告文学的形式拨乱反正,第一次对一个有争议的科学工作者作了深情的讴歌,所以才会引起强烈的反响.

当著名的"1+2"理论的证明者、数学家陈景润作出这一贡献时,中国当代诗人徐迟便想到将枯燥变为生动,将抽象化成具体,将专业演绎为通俗,终于写出了《哥德巴赫猜想》.《哥德巴赫猜想》

显示出诗人的想象和迷人的空灵美.中国的一位杰出诗人徐迟和一位杰出的数学家陈景润,有了一次荡气回肠的心灵交往.

陈景润已经把德国数学家哥德巴赫的那个旷世猜想,证明到了当今世界最好的结果.这是几百斤演算手稿和无数个孤独的不眠之夜的智慧结晶.豪放、浪漫的诗人完全被数学之美震撼了,徐迟从一位差不多是生活在被遗忘的角落里的数学家那里,意外地发现了"冷而严肃"的美,他忍不住要为数学放歌!

在《哥德巴赫猜想》中,作者用诗的构思,把全景与特写相结合,构成了动人的生活画面.用诗人的想象、诗人的文辞和诗人的气质,将诗情与哲理高度统一的语言,尤其是古代骈文的排比、对偶的运用,从而形成了诗理互渗,描写、抒情与议论熔为一炉的语言特色.当论及陈景润研究工作的意义时,作者写道:"这些是人类思维的花朵.这些是空谷幽兰、高寒杜鹃、老林中的人参、冰山上的雪莲、绝顶上的灵芝、抽象思维的牡丹."其想象的丰富,令人神驰.诗人的富于激情的语言结合科学的客观性,而成就了文学与数学的完美结合.

《哥德巴赫猜想》用"诗"歌颂了数学家和数学,将诗歌与数学融为一体.使我们看到了原来这就是"数学如诗"和"数学的最高境界是诗歌"!

1.2 诗歌中的数学意境

诗人对创作总是不断地刻意求新,数学家当然更是如此.于是出现了许多意境中蕴涵有丰富的数学思想的诗词,大量的数学知识也可以用优美的诗词形式表现出来.两者有着千丝万缕、相通相融的关系.从诗词中学习数学知识,从数学知识上了解诗词的魅力.

数学和诗词的内在联系,在于意境.有许多诗词意境优美,表现丰富,细细品味,发现在优美的诗句中竟然能蕴涵有深奥的数学意境,让人感叹不已.中国悠久历史所积淀出来的文学底蕴,为中国的数学染上了一层夺目的别样色彩,这就是数学的文采.

我国的古诗词本来就很美,如果能把数学的意境运用进去会更有意想不到的美,这就是数学与古诗词的巧妙结合.诗歌中隐含着许多数学知识,可从数学知识上了解诗歌的魅力;而数学中常用的许多思想方法,也可供诗人借鉴.让我们步入诗歌之林,去寻寓数学意境之诗吧!

1.2.1 "对称"与"对仗"

数学中有"对称",诗词中讲"对仗".它们在理念上具有鲜明的共性,即在变化中保持着不变的性质."对称"是数学上一种变换.就是一个图形"变换"到"对称"后的另一图形后,图形的形状、大小都没有变.这种"变中不变"的思想与文学中的"对仗"有相似之处.文学中的"对仗",是上联与下联词句的某些特性(字数、词性等)保持不变.

让我们看唐朝王维的两句诗:

明月松间照,清泉石上流.

诗的上句"变换"到下句,内容从描写月亮到描写泉水,确实有变化.但是,这一变化中有许多是对应不变的:

明——清(都是形容词)

月——泉(都是名词)

松——石(都是名词)

间——上(都是介词)

照——流(都是动词)

明月——清泉(都是自然景物)

原来变化中的不变性质,在文学、数学中,都广泛存在着.说明文学意境和数学观念有相通的地方.

1.2.2 《秋浦歌》与"整体代换"思想

李白《秋浦歌》:

白发三千丈,缘愁似个长.

不知明镜里,何处得秋霜?

只看第一句"白发三千丈"时,这奇妙的夸张说法有些不近情理,似乎无法理解.当看到第二句"缘愁似个长"时,方知原来这么长的白发是因为无尽的忧愁所致.李白用其独特的"整体代换"思想,用有形的头发代替无形的愁绪下.那么这个满头银发的人是个什么样的呢?"不知明镜里,何处得秋霜",在这里李白没用运用直接描述的方式,说这个人皱纹满面或是老态龙钟或者是采访一下周围人让他们发表一下观点.而是一种映射的思维,让他自己面对着镜子,用镜像语言来间接表述——镜子里的这个人怎么这么老了哦!

1.2.3 《江雪》中数字对比衬托的功效

柳宗元的《江雪》:

千山鸟飞绝,万径人踪灭.

孤舟蓑笠翁,独钓寒江雪.

这是一首押仄韵的五言绝句.粗看起来,像是一幅一目了然的山水画:冰天雪地寒江,没有行人、飞鸟,只有一位老翁独处孤舟,默然垂钓.但仔细品味,这洁、静、寒凉的画面却是一种遗世独立、峻洁孤高的人生境界的象征.

柳宗元在这首诗中,一个"千山",夸张写出整个空间的安静,所有山的鸟都飞走；一个"万径"，将空间的空旷之感再次突出．用文学角度的赏析，便是用两个极大的数字凸显出环境的静谧和空洞．这样的环境烘托的是诗人的寂寞．数字用在这里，让整首诗都更深层次的显现出寂寥之感，使蓑笠翁在寒江雪中成了千古绝唱！

1.2.4　《使至塞上》中的"诗情画意"与"几何图形"

在我国的一些古诗名句中蕴涵着一种充满了"诗情画意"的数学意境，让人遐想，让人品味．唐代诗人王维的诗素有"诗中有画"的美誉．请看他的《使至塞上》：

单车欲问边，属国过居延．

征蓬出汉塞，归雁入胡天．

大漠孤烟直，长河落日圆．

萧关逢候骑，都护在燕然．

这是王维奉命赴边疆慰问将士途中所作的一首纪行诗，记述出使塞上的旅程以及旅程中所见的塞外风光．而"大漠孤烟直，长河落日圆"，更是诗人王维在《使至塞上》中的绝唱，描绘了一幅空旷、荒寂的塞外黄昏景象．

这时，数学家如果突发奇想："将那荒无人烟的戈壁视为一个平面，而将那从地面升起直上云霄的如烟气柱（实际上不是烟，是龙卷风卷起的沙尘），看成是一条垂直于地面的直线"．则"大漠孤烟直"在数学家的眼中便成了一条垂直于平面的直线；如果再将"远处横卧的长河视为一条直线，那临近河面逐渐下沉的一轮落日视为一个圆"，那么，"长河落日圆"在数学家的眼中便是一个圆切于一条直线了（图1-1）．

给人勾画出了两幅美丽的画卷：一幅是王维描绘的无垠沙漠上的一幅空旷、荒寂的景象；另一幅是数学家描绘出的两个常见的

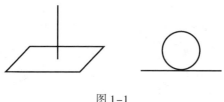

图 1–1

几何图形.这是诗人与数学家心灵的相通,是形象的诗情与抽象的画意巧妙的结合.正是王维不自觉地运用了数学永恒的抽象之美,才使得他的诗中名句拥有了震撼千古的艺术魅力!

1.2.5 《送孟浩然之广陵》与"零的极限"

著名数学家与数学教育家徐利治教授在为文科学生讲解数学极限概念,引用了李白的《送孟浩然之广陵》:

故人西辞黄鹤楼,烟花三月下扬州.

孤帆远影碧空尽,唯见长江天际流.

在柳如烟、花似锦的三月时节,黄鹤楼下,李白送别将要远行扬州的好友孟浩然,依依不舍,于是一片孤帆,伴着诗人的朋友漂向水天相连的远方,直至帆影消失在碧空尽头.在诗人笔下,深厚的感情寓于动人的景物描绘之中,情与景达到了高度完美的融合.

而徐利治先生的数学赏析是:李白诗中的"帆影"是一个随时间变化而趋向于零的变量,而第三句"孤帆远影碧空尽"正好描述了这样一个极限过程;这时,如果在我们脑海中能出现一幅"一叶孤舟随着江流远去,帆影在逐渐缩小,最终消失在水天一际之中"的图景,数学概念"零的极限"也就融合在这美的诗意中了.

1.2.6 《望庐山瀑布》与恰当的数字夸张美

唐代大诗人李白出游金陵途中初游庐山时作有两首七绝诗.

其中的第二首七绝历来广为传诵.下面是李白名篇《望庐山瀑布》：

> 日照香炉生紫烟,遥看瀑布挂前川.
>
> 飞流直下三千尺,疑是银河落九天.

该诗首句写香炉峰,阳光照射下的水汽变成了紫色的薄雾,给人一种朦胧美.第二句描写瀑布,一个"挂"字,写出了瀑布奔腾飞泻的气势.后两句进一步描绘瀑布的形象,字字珠玑.结句把瀑布比作璀璨的银河,既生动又贴切,一个"疑"字,显得意味深长,既显示出庐山瀑布奇丽雄伟的独特风姿,也反映了李白胸襟开阔、超群出俗的精神面貌.

李白看瀑布,到底离瀑布有多远?假定庐山瀑布真的高约三千尺,李白是"遥看"而不是"仰望",看来李白是站得比较远,用尺来量,三千尺显得很高了."三千尺即二里"如果改为以里来量,诗句写成"飞流直下二里地",则飞流直泻的瀑布,一点雄伟奇丽、气象万千的气势也没有了.可知,只有当数字夸张用得恰当时,才能收到好的艺术效果.

1.2.7　《早发白帝城》与长江漂流第一篇

李白的《早发白帝城》：

> 朝辞白帝彩云间,千里江陵一日还,
>
> 两岸猿声啼不住,轻舟已过万重山!

该诗展示出一幅轻快飘逸的画卷,更是被"漂流一族"公认为长江漂流的第一篇.李白在公元759年因为永王事件被流放夜郎,沿长江上行至三峡巫峡时遇大赦,在返回江陵时作此诗,轻松愉悦的心情跃然纸上.

"两岸猿声啼不住,轻舟已过万重山."轻舟随水流行进的速度很快,诗人在船上听到的是猿声,看到的是不停往后飞去的群山.一个"万重",仅是两字,却展示出了一幅轻快飘逸的画卷,达到了

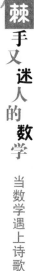

高度的艺术夸张效果.而"朝辞白帝彩云间,千里江陵一日还",不妨看成是诗人乘舟从白帝城到江陵的一日游.若 1 千米等于 2 里,一日按行船 20 小时计算,则船顺流而下的速度为 $1000 \div 2 \div 20 = 25$（千米/小时）,仅是现代的电动自行车的时速.如果李白能登上现代的快速游艇重游一遍,不知又会怎样的放歌了!

1.2.8 《登幽州台歌》与四维时空

初唐诗人陈子昂的《登幽州台歌》:

前不见古人,后不见来者,

念天地之悠悠,独怆然而涕下.

陈子昂作为一个思古想今、展望大地的学者,感叹天地之宏大,时间之遥远,觉人生之短暂,视野之狭隘,遂有上述的诗意.这是古人对时间和空间看法的文学表述.

然而,从数学上看来,这是一首阐发时间和空间感知的佳句.前两句表示时间可以看成是一条直线（一维空间）.陈子昂以自己为原点,"前不见古人"指时间可以延伸到负无穷大,"后不见来者"则意味着未来的时间是正无穷大.后两句则描写三维的现实空间:天是平面,地是平面,悠悠地张成三维的立体几何环境.人类生活在这悠远而空旷的时空里,不禁感慨万千.全诗将时间和空间放在一起思考,感到自然之伟大,产生了敬畏之心,以致怆然涕下!

这是时间和三维欧几里得空间的文学描述,此诗的意境正与爱因斯坦的四维时空学说相衔接.数学正是把这种人生感受精确化、形式化.

1.2.9 "黄河远上白云间"的"求证"

诗人王之涣的《凉州词》:

黄河远上白云间,一片孤城万仞山.

羌笛何须怨杨柳,春风不度玉门关.

这首诗中的"黄河"一词一直有着争论.有人认为这首诗的第一句原来本是"黄沙直上白云间".因为每到春天,玉门关外几乎每天中午都会起大风,大风卷起黄沙直上云霄,蔚为壮观.唐朝诗人的许多作品中,都是把玉门关和黄沙联系起来的.

实际上,我们都有这样的视觉经验,登高望远,看到远处的景物总好像是与天连在一起的.两条平行的铁轨,也好像在远处交接在一起了.如果我们看到"黄河之水从远处流来",黄河的尽头一定是在水天交接处,交接点就在地平线上,如果地平线以上的天际正好有白云,这不就犹如"黄河远上白云间"了吗,何况还有李白"黄河之水天上来"的名句呢!

1.2.10　刘禹锡诗中的"变化中的不变量"

数学中有一个叫做"不变量"的分支,专门研究数学中各种不变量的性质及其应用.文学家也常常利用变化中的不变量来增强文学作品的感染力.如刘禹锡的《西塞山怀古》中的名句:

人世几回伤往事,山形依旧枕寒流.

就十分成功地运用了变与不变的对比:三国鼎立的消亡,宋齐梁陈的更替,人世间发生了多少兴亡变化,但是"青山依旧在",险要的西塞山却没有变,仍然枕靠长江,迎风搏浪,一如既往.他的另一首七绝《乌衣巷》诗云:

朱雀桥边野草花,乌衣巷口夕阳斜.

旧时王谢堂前燕,飞入寻常百姓家.

也是一首以变与不变的强烈对比而脍炙人口的作品.人事变迁,江山易主,旧时的王公贵族已经烟消云散,他们的朱门豪宅已变为寻常百姓的家院,可是燕子并不管这些,它们仍旧飞回原来栖息的地方筑巢.

1.2.11 《登高》诗中的"无限"

"无限",是人类直觉思维的产物.数学,是唯一正面进攻"无限"的科学.无限有两种:其一为没完没了的"潜无限",其二是"将无限一览无余"的"实无限".

杜甫《登高》诗云:

风急天高猿啸哀,渚清沙白鸟飞回.

无边落木萧萧下,不尽长江滚滚来.

万里悲秋常作客,百年多病独登台.

艰难苦恨繁霜鬓,潦倒新停浊酒杯.

我们关注的是其中的第三、第四两句:"无边落木萧萧下,不尽长江滚滚来."

前句指的是"实无限",即实实在在全部完成了的无限过程."无边落木"就是指"所有的落木",这个是"实无限"集合,已被我们一览无余;后句则是所谓"潜无限",它没完没了,不断地"滚滚"而来,却永远不会停止.数学的"无限"显示出"冰冷的美丽",杜甫诗句中的"无限"则体现出悲壮的人文情怀,但是在意境上,彼此是相通的.

1.2.12 李白两首诗中的"数形结合"

"数形结合"就是把抽象的数学语言、数量关系与直观的几何图形、位置关系结合起来,通过"以形助数"或"以数解形",即通过抽象思维与形象思维的结合,可以使复杂问题简单化,抽象问题具体化.在李白的诗中,有多处运用了此种思想.

以形助数《望天门山》:

天门中断楚江开,碧水东流至此回.

两岸青山相对出,孤帆一片日边来.

描写诗人舟行江中溯流而上,远望天门山的情景.且看其中的后两句:由"两岸青山相对出",正面刻画了天门山的山势,表现了天门山巧夺天工的雄姿."孤帆一片日边来",只见一只挂着帆的小船从江的尽头的太阳底下缓缓地驶过来.用山势的浩大反衬出孤帆的寂寞和渺小."出"和"来"二字,化静为动,读来生机盎然、妙趣横生.

以数解形《月下独酌》:

花间一壶酒,独酌无相亲.

举杯邀明月,对影成三人.

月既不解饮,影徒随我身.

暂伴月将影,行乐须及春.

我歌月徘徊,我舞影零乱.

醒时同交欢,醉后各分散.

永结无情游,相期邈云汉.

诗人心中愁闷,遂以月为友,对酒当歌,及时行乐.全诗笔触细腻,构思奇特,体现了诗人怀才不遇的寂寞和孤傲,在失意中依然旷达乐观、放浪形骸、狂荡不羁的豪放个性.

现在我们看其中的"举杯邀明月,对影成三人":在鲜花丛中置一壶酒,自斟独饮,没有亲朋好友相陪.只有举起杯来邀请天上的明月.结果明月、我和影子也就成了三个人在饮酒了.通过李白神来之笔,通过数字"成三人",我们会想到"月仙"和"影子"立刻变成了活生生的人,在同李白饮酒作乐.

1.2.13 一首概括了几何的四个基本要素的诗

杜甫的《绝句四首》(之一):

两个黄鹂鸣翠柳,一行白鹭上青天.

窗含西岭千秋雪,门泊东吴万里船.

在杜甫的这首脍炙人口的诗中,四句都对仗,可以说是一首写得非常工整、千锤百炼的一首诗.景物的描写由近及远,由小到大,是一幅优美的水墨画.

如果站在数学角度来看:我们知道,构成空间图形的最基本的要素是"点、线、面、体".第一句"两个黄鹂鸣翠柳",描写的是两个"点";第二句"一行白鹭上青天",描写的是"一条线";第三句"窗含西岭千秋雪",描写的是一个"面";第四句"门泊东吴万里船",描写的是一个"空间体".此处表现的时空之幽远,数字深化了时空意境,与平面的无限延伸有异曲同工之妙,数学美由此凸现一斑.正是由于这首诗概括了几何的四个基本要素,才构造出了一幅完整的画卷,创设出了一种难以言表的美妙意境.

1.2.14 三视图与《题西林壁》

苏轼的七绝《题西林壁》诗中的前两句是:

横看成岭侧成峰,远近高低各不同.

意思是说"正看庐山,高岭横空;侧看庐山,峭拔成峰,远近高低,形象各异".我们观察事物,如果所处的立场不同,观察到的结果也会不同.我们思考某个数学题,如果从某一角度用某种方法解决难以奏效时,不妨换一个角度换一种方法去处理,便有可能"迎刃而解".看问题犹如看数学上一个物体的"三视图"一样,各个视图是不一定全相同的.

1.2.15 李白《行路难》中的"转化与化归思想"

数学上的"转化与化归"思想,是指当我们遇到一个较难解决的问题时,不是直接解原问题,而是将题进行转化,转化为一个已经解决的或比较容易解决的问题,从而使原问题得到解决的方法.而在文学描述上,当某种感觉无法直接言明,就转化成另一种人们在日常生活中可看可感的具体事物来述说.李白不羁的个性将这种表述方法演绎到了极致,下面就看看李白在两首诗中用数量来转化事物和情感的方式.

先看用数量来转化事物,如《行路难》中有这样两句:

金樽清酒斗十千,玉盘珍馐值万钱.

在这两句中,李白给我们展示了"每斗清酒是十千钱","珍馐佳肴价值高达一万钱",不管怎样,这些"清酒"与"珍馐"都是有价的,都是可以具体感知的.在这种时候李白充分运用了他超人的智慧,把无形的情感转化到具体可感的事物上来了.

"转化与化归"思想运用在文学上并不稀奇,而李白却用他独特的思想用数量来转化事物和情感的方式,使诗歌感情深挚,形象鲜明,具有强烈的艺术感染力量.

1.2.16　《游园不值》与微积分中的"无界变量"

贵州六盘水高等师范专科学校的杨老师曾谈他的一则经验,他在微积分教学中讲到无界变量时,用了宋朝叶绍翁《游园不值》:

应怜屐齿印苍苔,小扣柴扉久不开.

满园春色关不住,一枝红杏出墙来.

其中的后两句"满园春色关不住,一枝红杏出墙来"学生每每会意而笑.实际上,无界变量是说,无论你设置怎样大的正数 M,变量总要超出你的范围,即有一个变量的绝对值会超过 M.于是,M 可以比喻成无论怎样大的园子,变量相当于红杏,结果是总有一枝红杏会越出园子的范围.诗的比喻如此恰切,其意境把枯燥的数学语言形象化了.

1.2.17 欲穷千里目,应上几层楼?

唐代诗人王之涣所写的《登鹳雀楼》:

　　白日依山尽,黄河入海流.

　　欲穷千里目,更上一层楼.

这首著名的五言绝句,全诗仅二十字,气势万千,心胸开阔,诗句常为后人引用.

诗人登鹳雀楼,看"白日依山尽",观"黄河入海流",以广阔的心境登高望远,发出"欲穷千里目,更上一层楼"的感慨,不正是把自己从二维的平面推广到了三维的立体空间中去观察么? 这和人们在数学中逐渐拓展认识的过程,不是很好的切合么?

现在我们需要研究的问题是:这鹳雀楼需要有多高,诗人在楼上极目远眺,才能看到千里(即 500 公里)之远? 让我们来计算一下.

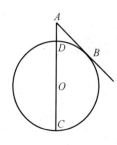

图 1-2

如图 1-2 所示,⊙O 表示地球的大圆;AD 表示鹳雀楼的高,A 为楼顶诗人所处位置;AB 表示诗人视线所能达到的最远距离,OD 为地球半径. 依题意,得 $OD = 6375$ 公里,AB 与 ⊙O 相切于 B,$AB = 1000$ 里 $= 500$ 公里.

由切割线定理可得

$AB^2 = AD \cdot AC$,即 $AB^2 = AD \cdot (AD + 2 \cdot OD)$,

$500^2 = AD \cdot (AD + 12750)$,$AD^2 + 12750 \cdot AD - 250000 = 0$,

解之,得 $AD \approx 19.5$(公里).

若取 3 米作为一层楼的高,则鹳雀楼应有

$(19.5 \times 1000) \div 3 = 19500 \div 3 = 6500$(层).

这就是说,王之涣若在楼上能看到千里之远,则此楼应有 6500 层,显然,这是不可能的. 看来诗人的想象力非常丰富,是要登真正

的"摩天大楼"看世界了.

文学源于生活,但却高于生活.诗人在这里应用了夸张的手法,"千里"并非是一个准确的数量,不过表示登高可以望得更远一些而已!

1.2.18　《赋得古草原送别》与"周期性的函数"模型

白居易《赋得古草原送别》:

> 离离原上草,一岁一枯荣;
>
> 野火烧不尽,春风吹又生.
>
> 远芳侵古道,晴翠接荒城;
>
> 又送王孙去,萋萋满别情.

这首诗是作者少年时代的作品,也是当时传诵的名篇.全诗结构严谨,格调清新,尤其是前四句,通过对荒原野草的赞颂,反映了作者积极进取的精神,为后人广为传唱.前四句的意思是说:茂密的野草布满了原野,它们每年都秋天枯萎春天繁荣.纵然是燎原的烈火也不会把它烧尽,等到春风吹拂它又重新萌生.

如果我们用数学的眼光去欣赏诗意的精美,会别有一番情趣:周期运动,是我们经常碰到的一种现象,上面的诗意就描述了一种周期运动.其中的"一岁一枯荣",是指野草秋枯春荣,岁岁循环,生生不息,这与函数的周期性数学意境完全吻合.如果在讲三角函数的周期性定义时,用"一岁一枯荣"创设意境,引入课题,会使人有耳目一新的感觉.

1.2.19　《宣州谢朓楼饯别校书叔云》与"分类讨论"思想

李白的《宣州谢朓楼饯别校书叔云》:

> 弃我去者,昨日之日不可留;
>
> 乱我心者,今日之日多烦忧.

长风万里送秋雁, 对此可以酣高楼.

蓬莱文章建安骨, 中间小谢又清发.

俱怀逸兴壮思飞, 欲上青天揽明月.

抽刀断水水更流, 举杯消愁愁更愁.

人生在世不称意, 明朝散发弄扁舟.

　　此是李白在宣城与李云相遇并同登谢朓楼时创作的一首送别诗. 此诗并不直言离别, 而是重笔抒发自己怀才不遇的牢骚. 诗中蕴涵了强烈的思想感情, 如奔腾的江河瞬息万变、腾挪跌宕, 达到了豪放与自然和谐统一的境界. 现在我们只看看前面的四句与最后的两句:

"弃我去者, 昨日之日不可留."

"乱我心者, 今日之日多烦忧."

"人生在世不称意, 明朝散发弄扁舟."

　　这三句话恰对应着下面的一道数学题的求解:

　　"当 a 为实数时, 解不等式 $a^2 \geq 0$".

　　此题需分为 $a<0$、$a=0$、$a>0$ 三种情况进行分类讨论:

　　$a<0$ 是昨天——"弃我去者, 昨日之日不可留", 无论是快乐或者忧伤都已成了永恒的不回头的过去;

　　$a=0$ 是今天——"乱我心者, 今日之日多烦忧", 今天发生了很多让我不痛快、心烦的事情;

　　$a>0$, 是明天——"人生在世不称意, 明朝散发弄扁舟"明天会是什么样子呢? 人生是那样不称意, 我为什么要生活在别人制定的规则中呢? 何不潇洒走一回, 明天我将披着头发去划船, 尽情说笑尽情休憩去享受吧!

1.2.20 《古从军行》与"二进制数"原理的应用

　　唐朝诗人李顾有一首《古从军行》:

白日登山望烽火,黄昏饮马傍交河.

行人刁斗风沙暗,公主琵琶幽怨多.

野营万里无城郭,雨雪纷纷连大漠.

胡雁哀鸣夜夜飞,胡儿眼泪双双落.

闻道玉门犹被遮,应将性命逐轻车.

年年战骨埋荒外,空见蒲桃入汉家.

这首诗历来为选家所注意,如果让数学家来选唐诗,它也会在必选之列.因为在这首诗中包含了许多有趣的数学问题.

古人没有现代化的通信工具,镇守边疆的将士在遇到敌人入侵,发生战争时,则在烽火台上烧起烟火,向后方发出警报,称为烽火.后方望见了前方燃起的烽火,就知道有敌人入侵.但是入侵的敌人大致有多少呢?显然是一个更重要的问题.

如果只建一座烽火台,只可以报告有无敌人入侵的问题;如果多建几座烽火台,就可以同时报告来犯敌人的多和少问题.那么,如何使得烽火台的个数与来犯敌人的多少相对应呢?如果当时古人能懂得二进制数的原理,便可以解决这个问题了:

例如,建了依次编号为 A、B、C、D、E、F 的 6 座烽火台,分别代表二进制数的六个数位,即:F 表示个位数 1,E 表示 $2^1 = 2$,D 表示 $2^2 = 4$,C 表示 $2^3 = 8$,B 表示 $2^4 = 16$,A 表示 $2^5 = 32$.(图 1-3)

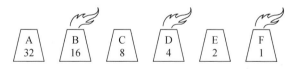

图 1-3

当燃起烽火时,没有烽火的台看作 0,有锋火的台看作 1,那么,任何一个不大于 63 的数,都可以通过点燃某些烽火台表示出来.如

图1-3:我们只点燃了 B、D、F 三座烽火台,便可知道有$(010101)_2 =$ 16+4+1 = 21(个单位)的敌军入侵.

1.2.21 用"放缩法"裁剪诗歌

在数学中,利用放缩法通过对代数式进行放大或缩小,可以使原来的数学问题获得解决.如果我们用放缩法对诗歌进行裁剪处理,是否还能保持诗歌原来的风味和内涵?且看对下面几首诗歌处理的效果:

《凉州词》唐·王之涣

> 黄河远上白云间,一片孤城万仞山.
>
> 羌笛何须怨杨柳,春风不度玉门关.

利用放缩法,将原诗第一句删除一个"间"字,得到以下一首词:

> 黄河远上,白云一片,孤城万仞山.
>
> 羌笛何须怨,杨柳春风,不度玉门关.

这首诗描写风景和抒发作者情感,与原诗完全相同.

《清明》唐·杜牧

> 清明时节雨纷纷,路上行人欲断魂.
>
> 借问酒家何处有,牧童遥指杏花村.

利用放缩法,将原诗每一句都删除一个字,得到一首新三言诗:

> 清明节,雨纷纷,路上人,欲断魂.
>
> 问酒家,何处有,牧童指,杏花村.

这首词描写清明雨景和抒发作者情感,与原诗完全相同.

《宿建德江》唐·孟浩然

> 移舟泊烟渚,日暮客愁新.

　　野旷天低树,江清月近人.

　　利用放缩法,将原诗每一句都增加两个重叠字,得到一首新七言诗:

　　移舟款款泊烟渚,日暮沉沉客愁新.

　　野旷茫茫天低树,江水清清月近人.

　　这首诗写景抒情,比原诗更为真切.

1.2.22　《再别康桥》中的"诗情数意巧结缘"

　　徐志摩,我国近代著名诗人、散文家.为人们广为熟悉和传诵的《再别康桥》就是其代表作.《再别康桥》是一首优美的抒情诗,宛如一曲优雅动听的轻音乐.1928 年秋,作者再次到英国访问,旧地重游,勃发了诗兴,将自己的生活体验化作缕缕情思,融汇在所抒写的康桥美丽的景色里,也驰骋在诗人的想象之中.

　　轻轻的,我走了,

　　正如我轻轻的来…

　　曾给我们带来怎样的美妙与陶醉,忧郁与感伤,诗中如歌如幻的意境让几乎所有读过的人都怦然心动.当然,数学家也不例外,这才有了下面的算术谜.

　　著名科普作家谈祥柏在他的著作中,把诗中经典的诗句编成了一个非常生动有趣的算术谜,让众多数学爱好者在欣赏这则名篇时,又得到数字研究的乐趣,可谓相得益彰.这则算术谜构造也非常奇特,它是一个等式组:

$$\begin{cases} \sqrt{\text{轻轻的}} = \sqrt{\text{我}} + \text{走了} \\ \text{正} - \text{如} \div \text{我} = \sqrt{\text{轻轻的}} \div \sqrt{\text{来}} \end{cases}$$

　　其中每一个汉字代表一个数字,不同的汉字代表不同的数字.这组等式有唯一的解,其推理过程简释如下:

因为"轻轻的"是可以开平方的三位数,且百位数字与十位数字相同,这样的数只有两个:$225 = 15^2$,$441 = 21^2$.所以"轻轻的" = 225 或 441.

(1)当"轻轻的" = 225 时,则 $\sqrt{我} +$ 走了 = 15,显然"我"只能为1、4、9.

① 当"我" = 9 时,则"走了" = 12,此时"了" = "轻",不合题意;

② 当"我" = 1 时,则"走了" = 14,此时"我" = "走",不合题意;

③ 当"我" = 4 时,则"走了" = 13,此时

"正" – "如" ÷ 4 = $\sqrt{225} + \sqrt{来}$ = $15 + \sqrt{来}$,于是

$\sqrt{来}$ = 1 或 3.又因"走" = 1,则"来" = 9.所以

"正" – "如" ÷ 4 = 5,从而"正" = 7,"如" = 8.

(2)当"轻轻的" = 441 时,则 $\sqrt{我} +$ 走了 = 21,显然"我"只能为9.于是

"走了" = 21 − 3 = 18,此时"走" = 1 = "的",不合题意.

所以,"我"只能代表4,从而,"轻轻的"只能为225,于是得出答案:

$$\begin{cases} \sqrt{225} = \sqrt{4} + 13 \\ 7 - 8 \div 4 = \sqrt{225} \div \sqrt{9} \end{cases}$$

1.2.23 《百鸟归巢图》与"整数分析"

诗歌中的内容常与组合数学的整数分析有关,表现出文人墨客对数字组合的智巧.北宋名家苏轼,诗词超卓,丹青亦精,堪称如诗的画,如画的诗.他画了一幅《百鸟归巢图》.

伦文叙是明朝的状元.小时候,文思敏捷,深得到本地胡员外的赏识.一天,胡员外家来了不少宾客,胡员外郑重其事地捧出一卷画轴.就是苏东坡画的那幅《百鸟归巢图》,让伦文叙在这幅家藏

之宝上题一首诗. 伦文叙稍稍思索, 就执笔直书:

归来一只又一只, 三四五六七八只;

凤凰何少鸟何多, 啄尽人间千石食.

画名既是"百鸟", 而诗中却不见"百"字的踪影. 诗人似在漫不经心地数数, 突然笔锋一转, 借题发挥, 感叹官场之中廉洁奉公的"凤凰"太少, 贪污腐化的"害鸟"太多, 他们巧夺豪取, 把老百姓赖以活命的粮食侵吞"啄尽"了. 28 个字反映了当今的弊端, 使苏东坡的画获得了更深一层的意境.

伦文叙见宾客不明诗中之意, 于是向大家解释说: 第一句"归来一只又一只", 一只加一只就是两只; 第二句"三四五六七八只"的意思不在表面, 而是暗指三四十二, 五六三十, 七八五十六. 总共是 2+12+30+56(=100), 不就等于一百吗? 实际上这就是对《百鸟图》的概括. 此话一出, 大家才恍然大悟, 不禁交口称赞.

1.2.24　简说诗词句中所寓的数学方法

数学与文学有着密切的关系, 把古诗词移植于数学园地, 使数苑新增奇葩, 让人们从文学欣赏中领略数学之妙趣.

"二十四桥明月夜, 玉人何处教吹箫."

杜牧明月夜中闻箫声从二十四桥传至, 却不知玉人何处教吹箫而发问, 恰似数学中给出方程式而未解. 因此, 在数学上所寓为"解方程".

"大江东去, 浪淘尽千古风流人物."

苏东坡思绪如大江东去之浪, 满怀羡慕之情追溯周瑜或千古风流人物, 从无数历史过客中突出英雄豪杰. 因此, 在数学上所寓为"优选法".

"一万年太久, 只争朝夕."

毛泽东根据时代要求指出中华民族之振兴, 绝不可费时太

久,而应该只争朝夕,强调发展需高速度.因此,在数学上所寓为"速算".

　　水底日为天上日,眼中人是面前人.

　　寇准所作上联、杨大年所作下联,均对同一事物,以"天上日"、"面前人"表其客观存在,以"水底日"、"眼中人"表其在事物中人之感官中之反映.因此,在数学上所寓为多用术语——相等、恒等;可为常见图形——全等形、相似形;可为重要概念——对称、映射、映象和复数(视"天上日""面前人"为实数,"水底日""眼中人"为虚数).

第 2 章 数学家与诗人的不了情

2.1 数学家的文学修养(国内篇)

为什么数学家中具有文学素养的人很多? 这是因为数学家并不排斥人文科学,他们会在科研之余阅读一些名著、诗词放松头脑,所以很多数学家都具有良好的文学素养和功底. 新中国成立前成长起来的一批数学大师,大都文理兼通,不但有非凡的学术造诣,而且诗文功底也相当了得. "诗言志",一个人的诗文往往最能反映其性情,今人在研读他们专深的学术论著之余,慢品一下他们率真的诗作,时常也会有意想不到的收获.

数学是科学的语言,其实数学不仅用来写数字,而且可以描述人生. 著名的数学家徐利治先生把自己的治学经验概括为培养兴趣、追求简易、重视直观、学会抽象、不怕计算五个方面. 近期讲学时又特意补上一条——喜爱文学,并谆谆教导后学,不可忽视文学修养.

数学家有一个共同的爱好,就是爱读诗、爱写诗. 下面就看看我国的一些有成就的数学家与诗歌的关系.

2.1.1 何鲁

何鲁 1912 年入法国里昂大学,1919 年获得数学硕士学位,从

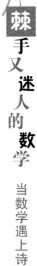
25 岁归国担任教授起,不少著名学者都曾受业于他.如物理学家严济慈、钱三强、吴有训、赵忠尧,数学家吴文俊、余介石,化学家柳大纲等.在南京高师教授数学时,何鲁有时会趁着兴致高,开讲古典诗词.每逢此时,连窗台上都挤满了学生.在中央大学时,他更与国学大师章太炎门生黄侃等结为忘年交,意气相投,诗酒相和,有诗作上千首.

2.1.2 华罗庚

华罗庚能诗善文,他写的《统筹方法》被选入中学语文教材.华先生的诗"勤能补拙是良训,一分辛苦一分才."更是激励了无数学子.华罗庚吟诗作对,更是一把好手。

2.1.3 陈省身

曾任美国数学会主席,获世界最高数学奖——沃尔夫奖的数学大师陈省身教授,1972 年 9 月,中美两国结束对峙状态不久,陈省身便偕妻女访问新中国,他追昔抚今,并赋诗感慨兴奋之情.1980 年陈省身教授在中科院的座谈会上即席赋诗,把现代数学和物理学中的最新概念纳入优美的意境中,讴歌数学的奇迹,毫无斧凿痕迹.

2.1.4 苏步青

苏步青老人在回忆自己的经历时说过这样一段话:"深厚的文学、历史基础是辅助我登上数学殿堂的翅膀,文学、历史知识帮助我开拓思路,加深对数学的理解.以后几十年,我能吟诗填词,出口成章,很大程度上得力于初中时文理兼治的学习方法.我要向有志于学习理工、自然科学的同学们说一句话:打好语文、史地基础,可以帮助你们跃上更高的台阶."

苏步青教授是一位优秀的诗人. 一生与诗结缘,从事诗歌创作长达七十余年. 苏先生诗词写作为业余之事,这是他人格的投影,生命的结晶,为我们了解现代中国正直知识分子的心灵世界提供了一份不可多得的艺术参照.

2.1.5　李国平

20 世纪 30 年代初,李国平在中山大学数学天文系读书时,就迷上了古诗词,于是在攻读数学的同时,兼修了中文系的古文学. 从此工作之余尽情地在诗词、书法的海洋泛舟,曾有"西风响松柏,群山为我俦"的妙句.

李邦河院士说,李国平的诗词与书法珠联璧合,每有所感口吟笔书,乐此不疲,40 岁前曾自辑诗作百首为《慕陶室诗稿》,可惜已无存,后著有《海清集诗钞》《梅香斋词》等 800 余首(阙).

2.1.6　谷超豪

获得 2009 年度国家科学技术奖的数学家谷超豪,他的业余爱好是古典文学,尤其是古诗词,他认为,数学与诗词有许多相通之处. 谷先生以为"数学如诗,比诗更美". 从美学的角度审视,再复杂的数学课题,也能发现问题的本质,激发内在的美感,不仅启迪思维获得了美妙的解法,还会熏陶出一种审美的情趣.

谷先生闲暇时经常写诗自娱. "写到哪里是兴致所致,不一定非常讲究格律. 我写诗是要以诗言志,有时就是把某一段时间里碰到的事情写下来,自娱自乐." 谷超豪认为,要学好数理不应仅仅是终日和数字、公式、公理、定理打交道,文学和写作一方面能够丰富生活,另一方面也有益于数理思维的发展. 因此,他鼓励学数学的年轻人读一点古典诗词.

2.1.7　丘成桐

数学大师丘成桐的最大成就是对"卡拉比猜想"的证明. 对于数学和文学,他一直都很钟爱,认为数学是人文科学与自然科学的桥梁. 当他找到两者之间的这种微妙的联系时,有种物我相融的感觉:落花人独立,微雨燕双飞!

丘成桐认为文学的最高境界是美的境界,数学研究达到一定境界后,也能体会与享受到数学之美. 他认为庄子所言"天地与我并生,万物与我为一",是数学家追求"天人合一"的悠然境界."陶渊明的古文和诗有他独特气质,深得自然之趣,做科学也需要得到自然界的气息,需要同样的精神."

丘成桐以其深厚的文学功底及对中国文学的挚爱,创作了大量的诗文辞赋. 作品中有爱国忧民的赤子之心,有与师友的真挚之情,有对学生的言传身教,也有研习数学的深刻感悟. 因此,被人称为"诗人科学家".

2.1.8　严加安

中科院院士严加安作为一名数学家,却深深热爱文学艺术. 他一直认为,数学比较接近诗歌,它们共同的美学标准都是追求简洁. 诗歌力图通过最简洁的语言,抒发诗人的情怀,表达深邃的哲理;数学则追求在最少的条件下推出尽可能广泛和深刻的结论.

严加安认为一个学者可以不作诗,但应该读些诗. 读诗词可以激发灵感和想象力,可以使人朴实无华、气质高雅. 正如苏轼在一首诗中写道:"腹有诗书气自华". 严加安为这句话配了一个上联:"胸无奢望心常惬".

严加安的思维既有数学家的严谨,又有人文学者的敏锐和锋利. 他的诗歌创作特色是与社会现实紧密联系.

2.1.9　谈祥柏

谈祥柏是我国著名的科普作家,从事数学科普工作半个世纪.他与张景中院士、李毓佩教授合称为"中国数学科普的三驾马车".谈先生有扎实的古文功底与渊博的文史知识,并通晓英、日、德、法等多种语言,其科普作品题材广泛,妙趣横生,深受读者的喜爱.

他认为文史为何能吸引人?是因为文史中有故事、有情节,就是人家通常说的"有血有肉".他认为,科普作家要有文史的根底就更好,因为数学和文学实质是相通的.

2.1.10　蔡天新

博士生导师蔡天新既是一位严谨的数学家,也是一位浪漫的诗人,同时还是一位旅行家.中国科学院院士、著名数学家王元说:"数学家极少能像蔡天新那样成为一位真正的诗人."诗人西川评论道:"做一个数学家和做一个诗人,可能都是天底下最难的事.但天新居然同时是一位数学家和一位诗人.他干了这世界上只有极少数人才能做到的事."他的随笔集《数字和玫瑰》便是一部文学著作.

他认为"数学与诗歌都是想象的产物,数学家和诗人都是需要天才的,数学和诗歌都需要精练的语言,数学家和诗人都是不约而同地走在人类文明的前沿".

2.2　数学家的文学修养(国外篇)

数学家魏尔斯特拉斯说:"一个没有几分诗人才能的数学家绝不会成为一个完全的数学家."在那由一行行优美的文字所组成的世界中,数学家们同样有施展的舞台.国外的如帕斯卡、牛顿、拉格

朗日、柯西、高斯等都能写一手漂亮的文章. 历史上的许多著名的数学天才,本身就是诗人或有极深造诣的诗歌爱好者.

2.2.1 笛卡儿

笛卡儿对诗歌情有独钟,认为"诗是激情和想象力的产物",诗人靠想象力让知识的种子迸发火花. 笛卡儿的《方法论》、《沉思录》和《哲学原理》,是哲学史上的经典名著. 笛卡儿的"我思,故我在"这些像诗一样蕴涵哲理的名言,几百年来脍炙人口,广为传颂.

2.2.2 莱布尼茨

莱布尼茨从小对诗歌和历史怀有浓厚兴趣. 他充分利用家中藏书博古通今,为后来在哲学、数学等一系列学科取得开创性成果打下了坚实的基础. 他是一位文理兼备的天才.

2.2.3 帕斯卡

这位数学天才在人文学科方面的造诣较之他的数学成就毫不逊色. 他的《致外省人书》和《思想录》都是哲学史上的经典名著. 在《思想录》里,留给世人一句名言:"人只不过是一根芦苇,是自然界最脆弱的东西,但他是一根有思想的芦苇." 文学家伏尔泰说《思想录》"是历史上最好的诗集". 帕斯卡的文字婉约、流利而有力,极为世人称赞. 他的许多名句常为后人所传诵,而逐渐成为法国谚语.

2.2.4 高斯

被称为数学王子的高斯在哥廷根大学就读期间,最喜好的两门学科是数学和语言学. 高斯喜欢文学,他把歌德的作品遍览无遗. 他不怎么喜欢莎士比亚的悲剧,但他选择了《李尔王》中的这两

行诗作为自己的座右铭:

　　大自然啊,我的女神,我愿为你献身,终生不渝.

　　高斯曾自我评价:"如果选择文学,我将会成为下一个歌德;如果选择数学,我将会成为下一个欧拉." 正当高斯为选择文学还是选择数学犹豫不决的时候,他发现了困扰数学家很多年的正十七边形的尺规作法,于是义无反顾地走上了数学道路.数学界也幸运地留住了伟大的"数学王子",但文学界却失去一位新星.

2.2.5　柯西

　　柯西从小喜爱数学,据说拉格朗日曾预言柯西将成为了不起的大数学家,并告诫其父不要让孩子过早接触数学,以免成为"不知道怎样使用自己语言"的数学家.柯西在其父循循善诱下,系统学习了古典语言、历史、诗歌等.具有传奇色彩的是,柯西政治流亡国外时,曾在意大利的一所大学里讲授过文学诗词课,并有《论诗词创作法》一书留世.

2.2.6　波利亚

　　著名数学教育家波利亚年轻时对文学特别感兴趣,尤其喜欢大诗人海涅的作品,并以与海涅同日出生而骄傲,曾因把其作品译成匈牙利文而获奖.

2.2.7　索菲亚·柯瓦列夫斯卡娅

　　俄国著名女数学家索菲亚·柯瓦列夫斯卡娅也是一位出色的作家.她创作了一系列剧本、中篇小说、诗歌、随笔和小品,其中很多都是生前未曾发表的.她的《童年的回忆》具有经久不衰的文学价值,被译成多种文字,广为流传,以致在给文学家蒙特维德的信中,她表露出对数学和文学都不能放弃,使她一辈子也无法决定到

底更偏爱数学还是更偏爱文学.

2.2.8 奥马·海亚姆

奥马·海亚姆,这位 11 世纪的波斯人,不仅因给出了三次方程的几何解释载入数学史册,同时又作为《鲁拜集》(四行诗集)一书的作者而闻名于世.奥马·海亚姆可说是人类历史上在数学和文学上都作出杰出贡献为数极少的人之一.

2.2.9 庞加莱

数学家庞加莱文史的修养也极好,他不仅是科学院院士,也是文学院的院士.庞加莱说过:"只有通过科学与艺术,文明才体现出价值."他对诗的研究,也许是那一代数学家中最好的:"数学家用一个名称替代不同的事物,而诗人则用不同的名称意指同一个事物."

2.2.10 刘易斯·卡罗尔

路易斯·卡罗尔原是一名数学家,兴之所至,给友人的女儿讲故事,于是便有了流传于世的童话经典《爱丽丝梦游仙境》.虽然写的都是荒诞的经历,但因为其作者是英国牛津大学的数学家,其中蕴涵着许多数学的"理趣",至今还被许多数学方面的专业论文引用.

2.2.11 哈密顿

爱尔兰大数学家哈密顿,四元数的发现者,自幼聪明,被称为神童.他三岁能读英语,会算术;五岁能译拉丁语、希腊语和希伯来语.并能背诵、翻译过荷马史诗.哈米尔顿从小喜欢诗歌,18 岁时写过一首赞美一个女孩的诗歌《学院雄心》.

2.2.12　哈代

英国杰出的数学家哈代《一个数学家的自白》语录:

> 倾江海之水,洗不净帝王身上的膏香御气.

1940 年哈代出版的《一个数学家的自白》,以其文字的优美与感情的真挚震撼了许多人,成为一部超越了数学本身价值的名著.

2.2.13　罗素

英国著名哲学家、数学家,也是一位文学家,这位非科班出身的文学家竟获得了 1950 年的诺贝尔文学奖.诺贝尔奖金委员会在解释他获奖的原因时说:"从他多姿多彩的包罗万象的重要著作里,我们知道他始终是一位人道主义与自由思想的勇猛斗士."并称他为"当代理性和人道的最杰出的代言人之一,西方自由言论和自由思想的无畏斗士",以"表彰他所写的捍卫人道主义理想和思想自由的多种多样意义重大的品质".

罗素在其漫长的一生中,完成了 40 余部著作,除了数学和逻辑学外,这些著作都具有很强的文学语言色彩.哲学家读这些著作,不能不叹服罗素表达自己思想的明晰性与机智;而文学家读这些作品,不能不承认从罗素的语言魅力中可以学到不少东西.

2.3　诗人的数学情怀(国内篇)

在诗中喜用数字,已是许多诗人的爱好.因为数字的巧用,有时更能表达作者的感情,抒发作者的情怀,增强作品的艺术感染力;而有些诗中却隐藏着数学运算,结合得那么巧妙无痕;甚至有文人能意识到了他从事的学科与数学的关系,谈出了他们独到的见解.总之,我们可以看出,有许多文人在有意或无意中显露出了

他们的数学情怀.

2.3.1 "算博士"骆宾王

初唐四杰之一的骆宾王,五言律诗精工整炼,尤其擅长七言歌行,笔力雄健.名作《帝京篇》是初唐罕有的长篇诗歌,被当时的人们称为"绝唱".骆宾王特别喜欢在对仗中使用数字对,人称"算博士".比如他在《帝京篇》一首诗里就一口气用了九联数字:

"三冬自矜诚足用,十年不调几遭回."

"五纬连影集星躔,八水分流横地轴."

"春朝桂尊尊百味,秋夜兰灯灯九微."

"且论二八千金是,宁知四十九年非."

"延年女弟双凤入,罗敷使君千骑归."

"当时一旦擅豪华,自言千载长骄奢."

"秦塞重关一百二,汉家离宫三十六."

"三条九陌丽城偎,万户千关平旦开."

"小堂绮帐三千万,大道青楼十二重."

从十以内的数字一直排到千万,可以说是气象万千.

2.3.2 好用数字的杜牧

骆宾王去世后一百多年,唐朝又出了一个精于计算的诗坛高手,就是人称小杜的杜牧.杜牧诗长于计算,而且暗藏精微,如:

"三年未为苦,两郡非不达."(《池州送孟弄水亭》)

"因思上党三年战,闲咏周公七月诗."(《即事黄州作》)

"十年一觉扬州梦,赢得青楼薄幸名."(《遣怀》)

"江湖醉度十年春,牛渚山边六问津."(《和州绝句》)

"娉娉袅袅十三余,豆蔻梢头二月初."(《赠别》)

"二十四桥明月夜,玉人何处教吹箫."(《寄扬州韩绰判官》)

"不用凭栏苦回首,故乡七十五长亭."(《题齐安城楼》)

"四百年炎汉,三十代宗周."(《洛中送冀处士东游》)

"南朝四百八十寺,多少楼台烟雨中."(《江南春绝句》)

"歌吹千秋节,楼台八月凉."(《华清宫三十韵》)

2.3.3　白居易诗中的"加、减、乘、除"

加法　《洛中偶作》

> 五年职翰林,四位莅浔阳.
>
> 一年巴郡守,半年南宫郎.
>
> 二年直纶阁,三年刺史堂,
>
> 凡此十五载,有诗千余章.

诗人历数自己入仕后的十五年经历,计六个数字,和数为十五点五.

减法　《游悟真诗一百三十韵》

> 我今四十余,从此终身闲;
>
> 若以七十期,犹得三十年.

诗作列出了 $70-40=30$ 这一算式.

乘法　《三年别》

> 悠悠一别已三年,相望相思明月天.
>
> 肠断春天望明月,别来三十六回圆.

此诗则用一年的月数乘以年数,算式为 $12\times3=36$.

除法　《曲江早秋》

> 我年三十六,冉冉昏复旦.
>
> 人寿七十稀,七十新过半.

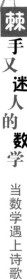

诗句为一运用除法的不等式:36>70÷2.

白居易将算术引入诗中,计算的又全都是人生历程,表现对短促人生的感伤和珍惜生命的焦虑,尤有意味,很值得认真品赏.

2.3.4 李白诗中数字的巧妙运用

李白是一位高产的诗人,现今流传下来的诗有990多首.在《唐诗三百首》收录的33首诗歌中,含数字的多达20首,占总数的67%.李白可以说是爱用数字的诗人.下面我们看看李白诗歌中对数字的巧妙运用.

(1)用于简约

李白数字的简约集中体现在《长干行》中:

"同居长干里,两小无猜疑."

"十四为君妇,羞颜未尝开."

"十五始展眉,愿同尘与灰."

"十六君远行,瞿塘滟滪堆."

"八月蝴蝶来,双飞西园草."

诗人将一位女子的童年嬉戏,妙龄青春,初婚时的甜蜜与别后的苦涩都浓缩在几组数字中,数字成为漫长时间的标识和空间变幻的风向标.

(2)用于计量

数字是用来表示数量的文字或符号.李白的《月下独酌》:

花间一壶酒,独酌无相亲.

举杯邀明月,对影成三人.

诗人独自饮酒孤寂无聊,而后突发奇想,将天上的明月与自己影子一起,成了三人.但毕竟这是诗人自己的臆想,更反映了他无人作陪的无奈与凄凉.

(3) 用于对比

对两个或多个事物进行对比从而凸显或衬托所要吟咏之物.

如《蜀道难》中:"一夫当关,万夫莫开."

用"一夫"守关与"万夫"进攻力量进行对比,体现出"剑阁峥嵘而崔嵬"的固若金汤.

(4) 用于夸张

夸张是指运用丰富的想象力,以增强表达的效果.李白由于其狂放不羁的个性和超凡的想象力,在他的诗句中,运用数字进行夸张放大的修辞法很具有代表性.

如《秋浦歌》:"白发三千丈,缘愁似个长."

用夸张的三千丈的白发来极言内心的愁苦.

(5) 数字连用

在李白诗中,有表示"少"和"多"的数字的对比连用,有都表示"多"的数字的并列连用,也有顺序数字的连用.

《蜀道难》中:"青泥何盘盘,百步九折萦岩峦."

数字"百""九"写出了山路之崎岖.

通过数字的编织,凸现了李白万物同体的宇宙观,即"天地与我并生,万物与我齐一".

2.3.5　苏东坡的"数感"

王祈是宋朝大夫,喜欢写诗.有一次,他写了一首咏竹诗,自己感觉很好,其中有两句:"叶垂千口剑,竿耸万条枪"是他得意之作,便朗诵给当时的大文豪苏东坡听.

苏东坡听了笑着说:"先生的诗好是好,只是十支竹竿共有一片叶子了.""竹叶似剑,竹竿如枪",也的确有形似之美,这是从形状上说的,而苏东坡读诗,不仅从"形状"方面,还能从数量方面去读,他一眼便能看出此诗中的破绽.再想象一下"十支竹竿共争一

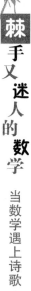
片叶子"的情境,你还能"忍得住笑"? 由此可知苏东坡的"数感"和口算能力了.

2.3.6 黄庭坚的会计核算法

宋代诗人黄庭坚一日到湖北去访友. 在荆州路上,正好邂逅自己八年未见的老朋友李辅圣,心里异常激动. 不禁诗兴大发. 以诗一首相赠,诗名《赠李辅圣》:

交盖相逢水急流,八年今复会荆州.

已回青眼追鸿翼,肯使黄尘没马头?

旧管新收几妆镜,流行坎止一虚舟.

相看绝叹女博士,笔研管弦成古丘.

诗人这里运用了在宋朝官厅会计中常用的会计核算法——四柱清册法的知识和老朋友李辅圣叙旧. 四柱清册法写成公式就是:

"旧管+新收=开除+实在",或"旧管+新收−开除=实在".

它相当于今天的:"期初余额+本期增加额=本期减少额+期末余额",或"期初余额+本期增加额−本期减少额=期末余额".

诗人以诗词为底蕴、以会计为心声、以言情为主旨,借助诗词明志、以会计知识抒情,做到珠联璧合.

2.3.7 辛弃疾的会计涵养

辛弃疾字幼安,号稼轩,宋代大词人. 其词风格多样,以豪放为主,与苏轼并称"苏辛". 辛弃疾晚年过着恬淡、舒适的田园生活. 有词《西江月·示儿曹以家事付之》为证:

万事云烟忽过,百年蒲柳先衰,而今何事最相宜,宜醉宜游宜睡.

早趁催科了纳,更量出入收支,乃翁依旧管些儿,管竹管山管水.

这首词基本上反映了辛弃疾晚年的生活和心境. 辛弃疾一生对政治、军事、经济都有深刻的见解, 对会计核算亦深有研究. 这首词的下半部, 以掌管家事而悠然自得, 以计量收支而称心自娱. 可透视出词人的会计涵养以及会计事业在当时社会经济中的发展状况.

2.3.8　领袖诗人毛泽东偏爱数字

领袖诗人毛泽东偏爱数字, 他的诗词中数字用得多, 用得圆熟流转, 有的地方简直达到了化境. 诗词中有许多巧用数字的佳句. 如:

《沁园春·雪》

"北国风光, 千里冰封, 万里雪飘"

《沁园春·长沙》

"万山红遍, 层林尽染; 漫江碧透, 百舸争流······万类霜天竞自由"

《蝶恋花·从汀州向长沙》

"六月天兵征腐恶, 万丈长缨要把鲲鹏缚."

"百万工农齐踊跃, 席卷江西直捣湘和鄂."

《渔家傲·反第二次大"围剿"》

"七百里驱十五日, 赣水苍茫闽山碧, 横扫千军如卷席."

《七律·长征》

"红军不怕远征难, 万水千山只等闲."

"更喜岷山千里雪, 三军过后尽开颜."

《七律·登庐山》

　　"一山飞峙大江边,跃上葱茏四百旋."

　　"云横九派浮黄鹤,浪下三吴起白烟."

《七律·答友人》

　　"九嶷山上白云飞,帝子乘风下翠微."

　　"斑竹一枝千滴泪,红霞万朵百重衣."

《满江红·和郭沫若同志》

　　"四海翻腾云水怒,五洲震荡风雷激"

《送瘟神二首》

　　"千村薜荔人遗矢,万户萧疏鬼唱歌."

　　"坐地日行八万里,巡天遥看一千河."

　　"春风杨柳万千条,六亿神州尽舜尧."

　　"天连五岭银锄落,地动三河铁臂摇."

诗词中多处使用数字,造成感人的艺术效果.

2.4　诗人的数学情怀(国外篇)

　　数学与文学的亲缘关系,还表现在西方一些文化名人赋诗论数或献给数学家的诗.从17世纪开始,常有人写诗歌颂数学名家或数学教材的作者.

2.4.1　查普曼作诗献给数学家哈里奥特

　　17世纪,乔治·查普曼作诗献给同时代英国著名数学家哈里奥特:

　　你心灵的深度测量着高度,

以及一切重物的所有标尺.

对于所有重大的和永久的发明,

理性是基础、是结构、是装饰.

而你清澈的眼睛,

是理性运转的球体.

······

2.4.2　安德鲁·马佛尔《爱的定义》

17 世纪,英国著名诗人安德鲁·马佛尔通过欧氏几何中的平行线的数学概念来类比爱情,写出了有趣的《爱的定义》:

像直线一样,爱也是倾斜的,

它们自己能够相交在每个角度.

但我们的爱确实是平行的,

尽管无限,却永不相遇.

爱情,向来是难以用语言表达清楚的一个名词.作者用读者都熟悉的平行线,借助数学丰富的意象,巧妙地向读者准确地传达了自己的意思.

2.4.3　诗人华兹华斯对数学的讽刺

华兹华斯在他的自传体诗《序曲》第三卷中写道:

在我的不远处悬挂着三一学院的闹钟,

不论黑夜或白昼,它总是准时地鸣响.

它用男声和女声报时两次,

从不漏报一刻钟,让它悄然滑过身旁.

它鸣响的器官也是我的比邻,

从我的枕边,透过月光和星光,

我能够望见教堂前的牛顿雕像.

他手拿着棱镜,一幅沉默的脸庞,

心灵的大理石指针,

永远独自航行在奇异的思想海洋.

2.4.4　诗人蒲柏提到法国著名数学家棣莫佛

18 世纪英国诗人亚历山大·蒲柏在《人论》中提到法国著名数学家棣莫佛写道:

是谁让那蜘蛛,

不用直尺或直线帮忙.

画起平行线来,

像棣莫佛一样稳稳当当.

2.4.5　惠特曼《草叶集》中的一首诗

19 世纪的诗人曾表示出对牛顿机械论的强烈反感,如美国著名诗人惠特曼于 1855 年出版的诗集《草叶集》中的一首诗这样写道:

当我聆听博学的天文学家讲演,

当证明图形一栏栏摆在我的面前.

当他出示图表和图形,要我对它们进行加、除和测量.

当我坐在教室里听天文学家讲课,下面的听众不断地鼓掌.

我很快变得莫名的倦怠和厌恶,

直到起身悄然离开,独自散步.

在那神秘、潮湿的夜色中,

万籁俱寂间,不时抬头仰望星空.

2.4.6　诗人雨果少年时代学习数学的经历

雨果于 1864 年用诗歌向我们描述了他少年时代学习数学的

经历：

> 我是"数"的一个活生生的牺牲品，
>
> 这黑色的刽子手让我害怕．
>
> 我被强制喂以代数，
>
> 他们把我绑上 Bois-Bertrand 的拉肢刑架．
>
> 在恐怖的 X 和 Y 的刑架上，
>
> 他们折磨我，从翅膀到嘴巴．

但雨果后来说道："数学到了最后就遇到想象，在圆锥曲线、对数、概率、微积分中，想象成了计算的系数，于是数学也成了诗．"

2.4.7 挪威诗人约恩松纪念数学家阿贝尔的诗

> 数的科学，像时间一样不知不觉地流逝，
>
> 融于永不消失的晨曦，是千变万化的数字．
>
> 她们，像雪一般地，比空气更轻．
>
> 却强于整个世界，其值无价，
>
> 她们带来的是一片光彩．
>
> 光明和温暖坐在身边细心地侍奉．

2.4.8 歌德谈数学

"数学和辩证法一样，都是人类最高级理性的体现．"

"我曾听到有人说我是数学的反对者，是数学的敌人，但没有人比我更尊重数学，因为它完成了我不曾得到其成就的业绩．"

2.4.9 莱蒙托夫梦境里遇见的数学家

莱蒙托夫是俄罗斯伟大的诗人．他爱好美术，还喜欢数学．他身边经常带着数学书，一有空就拿出来看．一天晚上，他被一道有趣的数学题吸引住了，久思不得其解．是在梦里一位数学家帮他解

决了这个问题.他深沉地回想着那位面熟的数学家,急忙地取出了画纸,把这位梦中的数学家画了下来,这位梦里的数学家从形象看,很像对数的创始人约翰·纳皮尔.这幅肖像画至今还收藏在俄罗斯科学院的普希金馆里.

2.4.10　诗人德莱顿曾对诗人的要求

英国著名诗人德莱顿曾对诗人提出这样的要求:"一个人要成为完美的和优秀的诗人,就应该通好几门科学,并且应该有一个理性的、哲学的,以及某种程度上是数学的头脑."

2.4.11　爱默生对诗与数学的看法

美国著名诗人爱默生写道:"我们不会去特别注意倾听一个仅仅是诗人的诗句,也不会去倾听一个仅仅是代数学家的问题,但倘若一个人既熟悉事物的几何基础同时又熟悉事物的欢乐的光辉,他的诗歌就会精密,同时他的算术就像音乐般地好听."

2.4.12　法国诗人梵乐希的《寻弦》

以文学的语言突出数学的解题方法和解题过程,抒发解题后的感慨.法国诗人梵乐希的一首《寻弦》的诗恰似为数学解题而写:

> 在渊深的迷宫里我寻找那根弦,
> 这里首要的是关键的明灯一盏,
> 人们会找到,只需要匠心独具,
> 它们关系虽然朦胧我也能看见,
> 换一个角度方法就一定简单,
> 我不可失望,就是为了它的呼出,
> 我也要竭尽全力解惑排难.

第3章　数学人的诗歌情怀

3.1　爱诗的中国数学家

在人们心目中,大凡数学家日日夜夜痴迷于数学,时时都在和数学打交道.其实,不少数学家的爱好是相当广泛的,他们不仅爱诗、读诗、背诗、吟诗,而且也会写诗.下面一些中国数学家的诗作,表明他们不但在数学上取得了杰出的成就,而且还有着深厚的文学功底,在他们身上数学与文学已经熔于一炉.

3.1.1　李善兰——清代最著名数学家

李善兰不但是清代最著名数学家,科学著译,洋洋大观,且留诗作 200 余首,多数汇集于《听雪轩诗存》(汲修斋校本)中.李善兰 13 岁学吟诗,15 岁时已有诗作.

《田家》

他年轻时写的《田家》等诗,颇为体贴劳动人民的辛苦:

> 提筐去采陌头桑,闭户看蚕日夜忙,
>
> 得到丝成空费力,一身仍是布衣裳.

《乍浦行》

1842 年,面对英军攻杀淫掠的血腥罪行,满怀悲愤,奋笔疾书《乍浦行》一诗表达了他对侵略者的刻骨仇恨,对老百姓的深切同

情,对清政府的强烈不满和对敌主战的鲜明态度:

> "壬寅四月夷船来,海塘不守城门开,
>
> 官兵畏死作鼠窜,百姓号哭声如雷,
>
> 夷人好杀攻用火,飞炮轰击千家灰."
>
> "饱掠十日扬帆去,满城尸骨如山堆.
>
> 朝廷养兵本卫民,临敌不战为何哉?"

3.1.2　何鲁——现代著名数学家

何鲁不但是位著名的数学家,而且还是一位勤于创作的诗人和书法家,诗书自成一体,留下的诗词达千首之多.

《赠程砚秋先生》

他曾赠诗京剧表演艺术家程砚秋先生:

> 回首松江畔,相逢各盛年.
>
> 今兹艺益老,故人渺如烟.
>
> 田墅腾欢日,农民庆更生.
>
> 我惭鸣盛世,君宜谱新声.

《秋兴·其二》

诗人深沉浓郁的爱国情愫在这一字一韵间萦绕回荡,读之令人心动:

> 叶叶题诗句,句句着香痕.
>
> 分明无怨旷,一心报国恩.

3.1.3　熊庆来——数学界的伯乐

熊庆来是中国现代数学先驱,他真正被大家所熟知的,是他在教育事业上作为"伯乐"的一面.他不但发现了数学大师华罗庚,而且像陈省身、吴大任、庄圻泰等一批知名数学家都曾经师从熊庆

来. 因此, 熊庆来被誉为"中国数学界的伯乐"乃是实至名归:

《赞颂》

熊先生有感于数学在科学领域的发展、运用和贡献, 对祖国科学事业的发展充满了信心, 用诗表达了对祖国人才辈出的赞颂:

带来时雨是东风, 成长专材春笋同.

科学莫嗟还落后, 百花将见万枝红.

《感时》

也就在 1958 年, "不知老之将至, 愿在社会主义光芒中尽瘁于祖国的学术建设事业"的熊庆来先生, 满怀豪情创作了《感时》诗:

今日旧邦万象更, 功归领导颂贤能.

转坤旋乾比神力, 倒海排山利民生.

重点农工皆发展, 尖端学术正攀登.

国家前景光千丈, 将为和平作路灯.

《寄杨武之先生》

1964 年我国第一颗原子弹爆炸成功, 当熊庆来先生听到消息时, 情不自禁地在收音机前拍起手来. 在给友人杨武之先生(杨振宁的父亲)的信中写下了:

东风毕竟压西风, 原子弹声起亚东.

保障和平自益寿, 他年相见说丰功.

3.1.4　能诗善文的数学大师——华罗庚

华罗庚热爱中国古文化, 是一位自学成才、能诗善文的数学大师, 留下不少诗文作品:

《从孙子的"神奇妙算"谈起》序诗

在 60 年代初期, 华罗庚为青少年写了一本通俗著作《从孙子

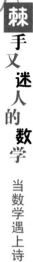
的"神奇妙算"谈起》,他用的是一首诗作为序:

神奇妙算古名词,师承前人沿用之.

神奇化易是坦道,易化神奇不足提.

妙算还从拙中来,愚公智叟两分开.

积久方显愚公智,发白才知智叟呆.

埋头苦干是第一,熟练生出百巧来.

勤能补拙是良训,一分辛劳一分才.

其中"勤能补拙是良训,一分辛劳一分才"成了勉励青年学子的名句.

《劝勉诗》

1962 年 6 月 16 日在《中国青年报》上,华罗庚写了一篇题为"取法乎上,仅得乎中"的文章,勉励青少年应该早努力,学好本领.勉励青年刻苦学习,不要嫌迟:

发奋早为好,苟晚休嫌迟.

最忌不努力,一生都无知.

《三强韩赵魏,九章勾股弦》

1953 年华罗庚随中国科学院出国考察.团长为钱三强,团员有大气物理学家赵九章教授等十余人,途中闲暇,为增加旅行乐趣,华罗庚便出一上联求对:

三强韩赵魏

片刻人皆摇头,无以对出.他只好自对下联:

九章勾股弦

联中的"三强",一指钱三强,二指战国时韩赵魏三大强国;"九章",既指赵九章,又指我国古代数学名著《九章算术》.该书首次记载了我国数学家发现勾股定理.全联数字相对,平仄相应,古今相连,堪称一幅佳联.

数学家的妙对

1981 年 4 月,华罗庚到合肥中国科学技术大学讲学,同去的有张广厚、王元等著名数学家.华先生一行住在风景如画的"稻香楼"里朝南的一个小院子,科大还专门派了一位医生倪女士照顾华先生.一天,华先生在住处,突然诗兴大发,他看看倪医生笑着对大家说:"我出一个对子,你们对一下."

　　妙人儿倪家少女

这个对子很难,其中"妙"字拆成了"少女","倪"字拆成了"人儿",又与倪医生相对出.大家想了许久,实在想不出下联,最后还是由华先生说出了下联:

　　搞弓长张府高才

其中"搞"字拆成"高才","张"字拆成"弓长",却正好又对着在座的数学家张广厚.大家惊叹不已,赞赏对联之妙.

华罗庚的质疑诗

华罗庚才华横溢,除数学外,诗文俱佳,演说才思敏捷且幽默风趣.对唐诗和楹联也甚为喜爱.当他读到唐代诗人卢纶《塞下曲》四首中的第三首:

　　月黑雁飞高,单于夜遁逃.

　　欲将轻骑逐,大雪满弓刀.

他发现此诗对事物的描述违背了北国风光的自然规律,诗中有常识性错误,并随之写了一首五言诗予以质疑:

　　北方大雪时,群雁早南归,

　　月黑天高处,怎得见雁飞?

因为原诗千百年来广为传诵,并被选为中学教材.因此,质疑诗一出,报刊、杂志争相刊载,大加赞赏,借此勉励后生要善于独立思考,疑前人所未疑.但也有学者认为"雪中雁"和"月黑雁飞高"确

是事实. 不久, 被诗人郭沫若知道. 郭老很快亦以诗作答:

深秋雁南飞, 懒雁慢未随.

忽闻寒流至, 奋翅连连追.

郭老这首微妙的释答诗, 极具巧思, 颇为高明. 他把《塞下曲》的描述视作某种阴错阳差的特例, 既默认了数学大师质疑诗的观点, 又不排斥《塞下曲》精彩的艺术特色, 作到兼容并包, 两全其美, 从而博得广大读者的认可和称赞.

3.1.5 世界级的几何大师——陈省身

陈省身:世界级的几何大师, 陈省身为我们留下了一些不可多得的诗篇. 陈省身 15 岁时, 在扶轮中学校刊上发表了两首小诗, 分别题为《纸鸢》和《雪》, 这两首诗当然不能算是文学佳作, 但恰恰是这样略嫌稚嫩的诗作蕴藏了作者最真实的思想和情感.

《回国》

陈省身 1972 年, 中美两国刚结束对峙状态, 陈省身就偕妻女访问了新中国. 后来他在《回国》一诗中表达了这种赤子情怀:

飘零纸笔过一生, 世誉犹如春梦痕.

喜看家园成乐土, 廿一世纪国无伦.

这首诗极为朴挚的表现了一位久居国外的老人对于祖国的一份真诚的怀思和祝愿. 感憾兴奋之情, 跃然纸上.

《七五生日偶成》

他在 75 岁生日时, 戏成七绝一首:

百年已过四分三, 浪迹平生我自欢.

何日闭门读书好, 松风浓雾故人谈.

《即兴诗》

1980 年陈省身教授在中科院的座谈会上即席赋诗:

物理几何是一家,一同携手到天涯.

黑洞单极穷奥秘,纤维联络织锦霞.

进化方程孤立异,曲率对偶瞬息空.

筹算竟得千秋用,尽在拈花一笑中.

把现代数学和物理学中的最新概念纳入优美的意境中,讴歌数学的奇迹,毫无斧凿痕迹.

《规范与对称之美——杨振宁传》

为《杨振宁传》以诗代序:

爱翁初启几何门,①

杨子始开大道深.

物理几何是一家,

炎黄子孙跻西贤.

3.1.6　诗人数学家——苏步青

数学大师苏步青,被誉为"诗人数学家".生平作诗词近 500 余首,先后出版了《西居集》《原上草集》《苏步青业余诗词钞》《数与诗的交融》.这是他人格的投影,为我们了解现代中国正直知识分子的心灵世界提供了一份不可多得的艺术参照.

《赠丰子恺先生》

在著名画家丰子恺家中的墙上,张挂着一首数学家苏步青的赠诗:

草草杯盘共一欢,莫因柴米话辛酸.

春风已绿门前草,且耐余寒放眼看.

苏步青与丰子恺是好朋友,这首诗是苏步青 1947 年春节前后

---

① 爱因斯坦的广义相对论将物理释为几何.规范场论作成大道,令人鼓舞.

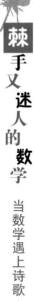
专门写给丰子恺的. 丰子恺对苏步青的诗曾有很高的评价:"我觉得世间最好的酒肴,莫如诗句. 而数学家的诗句, 滋味尤为纯正. 人做得好的,诗也做得好……"

《原上草集》序诗

苏步青教授在他的业余诗集《原上草集》作序诗云:

> 筹算生涯五十年,纵横文字百余篇.
> 如今老去才华尽,犹盼春来草上笺.

《悼陈建功教授》两首

我国著名的数学家陈建功教授是苏教授的良师益友,1971 年在杭州逝世,当时苏教授写了两首悼念陈建功教授的诗:

其一

> 武林旧事鸟空啼,故侣凋零忆酒旗.
> 我欲东风种桃李,于无言下自成蹊.

其二

> 清歌一曲出高楼,求是桥边忆旧游.
> 世上何人同此调,梦随烟雨落杭州.

《七律·感怀》

1981 年 8 月出席在北京召开的学科评议会,各地专家学者聚集一堂为培养我国自己的博士积极筹划,意义十分深远,感责任重大,写下七律一首:

> 群贤毕集北京城,共为中华图振兴.
> 已往翰林无后继,将来博士几门生.
> 树人犹抱百年志,报国常怀四化情.
> 惹得老夫难坐稳,神州一派驰骋声.

《神州吟》序诗

1983 年由中国广播电视出版社出版了《神州吟》,这是一本收

集海峡两岸和海外华人的唱和诗词选,由苏教授作序,序的最后以下列的一首七律结束:

扫尽乾坤月正圆,中秋国庆两争妍.

已开千载辉煌业,更望九州团聚年.

骨肉无由长暌隔,江山自古本相连.

人民十亿女娲在,定补鲲南一线天.

《七律·答谢辞》

在苏步青教授执教六十五周年时,各界为其举行庆祝会.苏老在庆祝会上致答谢辞,并吟七律一首,是对自己经历所作的回顾和思考:

五十知非识所之,今将九十欲何为.

丹心为泯创新愿,白发犹残求是辉.

偶爱名山轻远屐,漫随群彦拂征衣.

战天斗地万民在,不信沧浪有钓矶.

《世纪绝恋》

2002 年 9 月 23 日,是苏步青老人的百岁生日.老人凝视着居室里夫人留下的妆匣、古筝,久久地沉浸在对她的深切思念中,深情地吟诵自己的诗作:

人去瑶池竟渺然,空斋长夜思绵绵.

一生难得相依侣,百岁原无永聚筵.

灯影忆曾摇白屋,泪珠沾不到黄泉.

明朝应摘露中蕊,插向慈祥遗像前.

最先取得中国国籍的国内外籍人士中有一位名叫松本米子的日本女士,她就是苏步青的夫人,中国名字叫苏米子.

《退居二线自逍遥》

1985 年,苏步青退居二线后,仍然有着怡然自得的喜悦心情.

下面这首诗就表达了他这时的心情：

> 绿滋箩屋最娇娆，七月庭园似火烧.
>
> 夹竹桃遮红月季，鸡冠花映美人蕉.
>
> 雪泥无复留鸿爪，银汉空传渡鹊桥.
>
> 两袖清风双短鬓，退居二线自逍遥.

《李国平诗选》序言诗

序言是苏步青教授对李国平教授的一首颂诗，传为数坛佳话：

> 名扬四海句清新，文字纵横如有神.
>
> 气吞长虹连广宇，力挥彩笔净凡尘.
>
> 东西南北径行遍，春夏秋冬人梦频.
>
> 拙我生平偏爱咏，输君珠玉得安贫.

3.1.7　著名数学家——李国平

李国平是我国著名数学家，与华罗庚一起有"北华南李"之美称. 李国平除数学研究外，尤其热爱中国传统文化，著有诗作《慕陶室诗稿》《海清集诗钞》《梅香斋词》等.

《咏怀四言诗》

> 宏观宇宙，微观玄素.
>
> 爰有阴阳，动静有数.
>
> 或波或粒，无或常驻.
>
> 为用不穷，取之则裕.
>
> 柔中顺刚，止而能丽.
>
> 旅次怀资，行远勿替.
>
> 大亨养贤，耳目聪明.
>
> 涣以远害，流水不盈.
>
> 朋友讲习，兑以说丰.

说以先民,民忘其劳.

说以犯难,临危莫逃.

不远之复,以修其身.

频复之厉,不迷则申.

教思无穷,持正保民.

出入无虞,朋来则频.

理财正辞,为非则嗔.

聚则以萃,观国之宾.

《八十初度咏怀》

正是东园秋色里,休云岁月付厌厌.

江湖气势声华满,泰岱崔嵬俊秀兼.

吟啸可堪招雏凤,人见终古判酸甜.

名山自有藏书地,焉用区区玉作签.

飒飒西风动地来,冬青篱落洗轻埃.

蔷薇艳质夸邻里,歌咏东山识茂才.

未了痴心千载虑,寻常蹊径一锄开.

满园柑橘垂垂在,捧土培根着意栽.

起舞刘琨祖狄鸡,朝朝喔喔向明啼.

萧森剑气奔雷啸,浩荡诗心听马嘶.

击楫雄才惊朔漠,乱华五族压江堤.

中流传檄遗篇在,越石清刚调岂低?

隆中还应有溪山,三顾堂前竹石间.

羽扇风流分鼎足,沈星子夜落秦关.

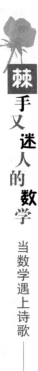
存亡接续靡千载,得丧寻常每异颜.
陈寿书成尊魏统,令人惆怅忆马班.

锦绣江山冬复春,猖狂丑虏早成尘.
行天铁鸟冲霄汉,照野微波护海滨.
上国经纶张妙算,千秋金鉴用群言.
敢夸实践藏真理,百代昭昭古国魂.

3.1.8 钱宝琮——中国著名数学史家

钱宝琮是中国著名数学史家.钱宝琮在治学之余,素耽吟咏,以诗言志,存稿百余首,自题为《骈枝集》.1992 年《钱宝琮诗词》行世.

《欢送数学系毕业同学,以四生姓氏为韵》

1939 年,学生张素诚、方淑姝、周茂清和楼仁泰在广西宜山毕业,钱先生以四生姓氏为韵,欣然赋诗.诗意也反映了浙大"西迁"的艰苦,对学生寄予了厚望:

象数由来非绝学,群才挺秀我军张;
天涯负笈传薪火,适意规圆与矩方;
学舍三迁乡国异,师门四度日星周;
竿头直上从兹始,稳卧元龙百尺楼.

《念奴娇·日本于八月十日向同盟国乞降感赋》

1945 年 8 月,当日本无条件投降喜讯传来,钱宝琮先生抑制不住内心的喜悦心情,立即写下了《念奴娇·日本于八月十日向同盟国乞降感赋》:

东夷黩武,肆侵陵、豕突狼奔初歇.海外忽传风色换,
万里波涛哀咽.广岛车辐,长崎墙橹,武库星罗列.二弹九

下,一时都付陈迹.

只见群丑游魂,一夫残喘,委伏求存恤.貔虎移军收失地,火速中原传檄.同气同仇,我疆我理,共奋中兴业.马关遗恨,者番当可清涤.

《水调歌头·咏中国古代数学》

历法渊源远,算术更流长.

畴人功业千古,辛苦济时方.

分数齐同子母,幂积青朱移补,经注要端详.

古意为今用,何惜纸千张!

圆周率,纤微尽,理昭彰.

况有重差勾股,海岛不难量.

谁是刘徽私淑? 都说祖家父子,成就最辉煌.

继往开来者,百世尚流芳!

3.1.9　国家最高科技奖获得者——谷超豪

谷超豪,这位国家最高科技奖获得者,这位喜爱作诗的数学大师,在几十年如一日的数学研究中,将数学化枯燥为神奇的无穷乐趣用诗意的语言表达出来.

《舟山讲学》

1986 年,谷超豪乘船去浙江舟山讲学时,曾写过一首诗,其中第二行讲的就是微分几何中的两个著名定理.全诗表达他对几何学的爱好和相信人类有能力认识世界的观点:

昨辞匡庐今蓬莱,浪拍船舷夜不眠.

曲面全凸形难变,线素双曲群可迁.

晴空灿烂霞掩日,碧海苍茫水映天.

人生几何学几何,不学庄生殆无边.

《观巨型皂泡飞舞》

谷超豪曾将自己的三大研究领域——微分几何、偏微分方程和数学物理,亲昵地称为"金三角",将科学与美的思维完美结合.

在《观巨型皂泡飞舞》的诗中写道:

斯人雅兴殊堪美,盈尺珠玑迤逦开.

凸凹婆娑飘飘舞,谁能解得方程来.

《和苏诗》

这首《和苏诗》是谷超豪和他的老师苏步青院士的一首诗.苏院士曾说过:"要让带出来的学生超越自己."谷超豪从教60多年来,桃李满天下,在他培养的众多学生中,涌现了李大潜、洪家兴、穆穆等9位院士.

半纪随镫习所之,神州盛世正可为.

乐育英才是夙愿,奖掖后学有新辉.

《贺和生》

1992年,谷超豪得知爱妻胡和生成为中国数学界第一位女院士时,心情十分高兴,当即赋诗一首:

苦读寒窗夜,挑灯黎明前.

几何得真传,物理试新篇.

红妆不须理,秀色天然妍.

学苑有令名,共庆艳阳天.

谷超豪对妻子的赞誉和爱慕,油然而生,跃然纸上.

《贺母校温州中学90周年校庆》(其一)

温州中学建校90周年,邀请谷超豪返校庆典.但为科大校务所羁,谷超豪无法回温州祝贺,只能作了三首诗寄回母校向师友致意.今选其一：

> 人言数无味,我道味无穷.
>
> 良师多启发,珍本富精蕴.
>
> 解题岂一法,寻思求百通.
>
> 幸得桑梓教,终生为动容.

在这首诗中,他尽情抒发了自己对数学的眷恋之情,简直是一种托付终身的欣然和坦荡.

《前行不止》

从数学完美、相似联想以及内在本质等方面,去挖掘数学美的内涵,开辟有趣而自然的解题思路.

> 上得山丘好,欢乐含辛苦.
>
> 请勿歌仰止,雄峰正相迎.

谷先生这些溢满了豪情的诗句,不正是多角度赏析数学美的心灵物语!

3.1.10　两项世界最高数学大奖的获得者——丘成桐

丘成桐:获得有数学家终身成就奖之称的沃尔夫奖和数学界最高荣誉的菲尔兹奖.是几何分析学科的主要奠基人.丘成桐先生在诗文辞赋方面都有非凡成就.其诗其词,风华庄典,真挚动人;其文其赋,赢得高人博望,有《丘成桐诗文集》出版,被称为"诗人科学家".

《浙江大学数学科学研究中心志》

共和国五十三年仲夏,浙江大学成立数学科学研究中心.蒙校友汤永谦先生之厚贶,筑大楼于杭州湖畔.遂为文以志之.

> 登楼纵目,望孤山西湖,阅尽古今豪杰.
>
> 凭栏舒襟,看长空落日,悟得造物真微.

美矣尽矣,天地之德.妙哉奇哉,筹学之质.

江南贤士,同心立命,将有大造于科研矣.

地处古都,接历朝之朱华.水通江汉,揖南国之韶秀.

湖广万亩,台高百尺,可以调性情,阅经书,吟词赋,推数理.

夫数之为学也,究宇宙之造化,序人事之脉络,奠百工之根基不朽之大业也.千禧伊始,万象维新,六合腾欢,八方企望.

有司具求材之急,国士有报效之意.

岂无感慨,敢用竭诚,奖掖有功,提携后进.

垂真理以昭日月,明明德以求至善.

推古今之学,聚诸家之言.博雅为怀,科技为用.

著述于百代之上,而送怀于千载之下.

用是立所,以招来者.君子其勉之哉.

其辞曰:

天眷厥土兮人怀厚德.构此广厦兮懿彼士吉.永谦其名兮文琴是质.

筹学为率兮造化为骨.献我赤诚兮四海同室.奋扬真理兮千载如壹.

浙江大学前党委书记张浚生点评:这篇文章,里面的内容和我国许多古文都是相关的,"凭栏舒襟,看长空落日"取意王勃的《岳阳楼记》;"可以调性情,阅经书,吟词赋,推数理"则取意刘禹锡的《陋室铭》.还有诸如苏轼的文章、屈原的《离骚》,充分地体现了丘成桐对我国经典文学著作的引用自如.此外,丘成桐还将杭州、西湖等地名融入了这篇文章中.现在的年轻人即使是搞文学的都不见得能写出这种文章.

《几何颂》

穹苍广而善美兮,何天理之悠悠.

先哲思而念远兮,奚术算之不休.

形与美之交接兮,心与物之融流.

临新纪而展望兮,翼四方以真酬.

岂原爆之非妄兮,实万物之始由.

曲率浅而达深兮,时空坦而寡愁.

曲率极而物毁兮,黑洞冥而难求.

相迁变而规物兮,几何雅而远谋.

扬规范之场论兮,拓扑衰而复留.

惟对称之内蕴兮,类不变而久幽.

道深奥而动心兮,惟精析之神道.

质与量之相成兮,匪线化之能筹.

颂之几何,物之千秋,地天老,万古道!

《时空统一颂》(四言古体)

时乎时乎? 逝何如此. 物乎物乎? 繁何如斯.

弱水三千,岂非同源. 时空一体,心物互存.

时兮时兮,时不再兴. 天兮天兮,天何多容?

亘古恒迁,黑洞融融. 时空一体,其无尽耶?

大哉大哉,宇宙之谜. 美哉美哉,真理之源.

时空量化,智者无何. 管测大块,学也洋洋.

《述怀》

洛矶如砺,

积雪如带,

山河万里,

天地无界.

三十年前别故土,

读书求学在心缘.

半生行止承慈教,

彩笔描成效大贤.

少壮厉蹈名易就,

国家蹉跌事难圆.

男儿重节轻权贵,

惊世文章万古传.

这首《述怀》诗浓缩了丘成桐的人生经历与理想,也展示了他的诗人情怀.

《陈省身文集》序

丘成桐和陈省身,拥有一段长达 35 年的师生缘,丘成桐对恩师怀有深厚的感情:

先生浙江嘉兴人也.一代文宗,士林景从.早岁登科,名振京沪.中年造类,声扬欧美.先生专探几何等价问题,创微分不变之学.又承嘉当心法,开拓扑先河.当华夏中兴,首奠宏基于西学者,舍先生其谁也.嗟夫,江水泱泱,濯我冠缨,高山苍苍,广我胸臆.先生之教,厚古求新,先生之德,泽远流长.遂聚时贤,录其所述,以昭先生风节,后之览者,将有感焉.

弟子丘成桐敬题

《祭省身老师》

2004 年 12 月,在南开大学举办的悼念陈省身先生追思会上,丘成桐朗诵了自己写的祭文,以此来表达对恩师的怀念之情.祭文是丘成桐从美国飞往中国的途中即兴所作:

呜呼,大厦倾矣,二千年勾弦求根,割圆三角,终不抵陈氏造类,孤学西传,置几何于大观,扬华夏于世界.

哀哉,哲人萎乎,卅五载提携攻错,赏誉四方,犹未忘

柏城授业,中土东归,传算学之薪火,立科学之根基.

弟子 成桐 敬挽 2004 年 12 月 4 日

3.1.11　我国代数密码学的创始人之一——曾肯成

曾肯成是我国首批博士生导师,是我国代数密码学的创始人之一.是数学界有名的才子,他的诗,从骨子里面透着一种特立独行的味道.

《秋篱护菊》

小圃春回冒雨栽,蕊寒香冷带霜开.

任君竟日流连看,莫趁无人闯进来.

《某君自叹》

酒筵歌席莫辞频,一晌年光有限身!

虚受巨资千百万,愧无涓滴谢知音.

《建议授予唐守文同志博士学位》

在唐守文博士论文答辩会上,曾肯成写诗一首,建议授予唐守文博士学位.

岁月蹉跎百事荒,重闻旧曲著文章.

昔时曾折蟾宫桂,今日复穿百步杨.

谁道数奇屈李广,莫随迟暮老冯唐.

禹门纵使高千尺,放过蛟龙也不妨.

《仍是当年赤子心》

"文化大革命"刚结束不久,要为右派平反,需要填写一份履历表,上面有一栏是"受过何种奖励与处分".应当怎样填写?曾肯成

写了一首诗在上面:

> 曾经神矢中光臀,仍是当年赤子心.
> 往事无端难顿悟,几番落笔又哦吟.

3.1.12 院士诗人——严加安

严加安,中科院院士,博士生导师,我国著名数学家.博学儒雅,诗书画精通,尤通各种诗体.

《概率统计》(悟道诗)

> 随机非随意,概率破玄机.
> 无序隐有序,统计解迷离.

《七绝·寄语青年学子》(劝勉诗)

> 花可重开旧日枝,人无再还少年时;
> 劝君岁月休虚度,莫待白头醒悟迟.

《一个青年教师的内心独白》(时评诗)

> 我有追求也有理想,
> 面对现实变得彷徨.
> 教学业绩不被重视,
> 教师天职逐渐淡忘.
> 为了应付考核晋升,
> 一门心思多出文章.
> 也想潜心钻研难题,
> 但是年终如何交账?
> 年过三十还是单身,
> 常为恋爱结婚惆怅.
> 薪酬低微房价高企,
> 买房岂不成了梦想.

一位同事新近结婚,

按揭贷款买了新房.

月供数千不堪重负,

首付多亏爹妈帮忙.

昧心学者冠冕堂皇,

歪曲事实信口雌黄.

明知房价高得离谱,

还要粉饰投机炒房.

政府遏制楼市泡沫,

大力建造保障用房.

祈盼房价合理回归,

早日圆梦娶上新娘.

我不自诩品德高尚,

还算本分心地善良.

不能担保见义勇为,

自信还能帮残扶伤.

只是担心遭到反咬,

无奈还得对簿公堂.

万一遇到歹徒伤害,

谁来赡养我的爹娘?

《漫步丽娃河上》(田园诗)

诗中描述了华东师范大学校园内丽娃河美丽景色后,表达了他对当今社会浮躁和急功近利现象的反思.

夹竹嫣红,

桂花飘香.

清风徐吹,

垂柳轻扬.

水光潋滟,

晚霞舞残阳.

秋风送爽,

驻足虫二花坊.

赏无边风月,

我心荡漾.

世间缘何浮华?

世人何由匆忙?

何不回归自然,

《赞"给力"》(十六行诗)

严加安作十六行诗六首,今选其一.

　　"给力",一个多么神奇的词汇,

　　曾是"带劲"一词的闽南方言.

　　"给力",凭借网络传播的快捷,

　　霎时间有了新的含义和韵味.

　　"给力",赞美如此传神,

　　比"牛"和"酷"更振聋发聩.

　　"给力",它吸引眼球、令人心醉,

　　难怪它在华人世界变得风靡.

　　"给力"或"不给力",明快简洁,

　　对事物赞赏或鄙视做出果断判决.

　　"不给力"比"不带劲"更贴切,

　　斥责中包含委婉的遗憾和惋惜.

　　网络神奇,是文化传播的双刃剑,

　　既能推陈出新,又产出文化垃圾.

传承和繁荣中华文化,责任在肩,

弘扬真、善、美,抵制低俗诡谲.

著名诗人郭曰方在"读者后记"中评论道:喜读严加安院士十六行诗,受益匪浅.言志抒情,寓意深刻,妙语警句,珠落玉盘,发人深省.人生如诗,诗如人生,十六行仿古诗写得如此淋漓酣畅,又富于哲理,令人爱不释手,反复玩味,佳作也!

3.1.13　新中国首批博士之一——李尚志

李尚志:新中国首批博士之一,如今,他已是博士生导师.他不仅有数学天才,而且爱好诗词歌赋,古诗写得很有章法.

《咏数学》

　　数学精微何处寻,纷纭世界有模型.

　　描摹万象得神韵,识破玄机算古今.

　　岂是空文无实效,能生妙策济苍生.

　　经天纬地展身手,七十二行任纵横.

《微积分诗四首》

为了帮助学生理解微积分的灵魂,写了四首诗:

　　微分

　　凌波能信步,苦海岂无边.

　　函数千千万,一次最简单.

　　泰勒展开

　　漫天休问价,就地可还钱.

　　我有乘除加减,翱翔天地间.

　　定积分

　　一帆难遇风顺,一路高低不平.

　　平平淡淡分秒,编制百味人生.

原函数

量天何必苦登高,借问银河下九霄.

直下飞流几万里,玉皇何处宴蟠桃?

《五律·获博士学位后有感》

李尚志是新中国 1982 年首批获得博士学位的 18 名博士之一,时获博士学位后有感而作:

西洋宁有种,

东土岂无人.

皓首雄心在,

童颜大器成.

冬寒凝一念,

春暖发千钧.

志在高山顶,

金杯映五星.

《首批博士聚会》

2010 年 11 月 13 日首批 18 名博士重聚于杭州时,作诗一首:

惊涛依旧涌钱塘,见证春华秋实.

踏遍青山人未老,重聚当年博士.

十载沉浮,一朝展翅,曾折蟾宫桂.

今生注定,八千里路云月.

河山锦绣中华,多志士仁人,前仆后继.

历尽劫波重崛起,正是冲锋时刻.

喜仗东风,千帆竞发,愿后生可畏.

天公抖擞,英才不拘一格.

《贺母校校庆 70 周年》

1996 年,母校内江二中校庆 70 周年,写了一首诗表示祝贺,感

谢母校老师的培养之恩,也总结了从中学时代开始的成长和奋斗历程:

> 白水东城忆少时,几分豪气几分痴.
>
> 五车苦读甘如蜜,六艺初探兴有余.
>
> 在劫难逃惊噩梦,执迷不悔索真知.
>
> 师恩胜似春晖暖,故国重游有所思.

3.1.14　年轻的数学博士生导师——蔡天新

蔡天新:15 岁上大学,24 岁获得博士学位.数学教授,诗人,作家,旅行家,年轻的数学博士生导师.

《漫游》

> 我在五色的人海里漫游,
>
> 潮湿茂密森林中的一片草叶.
>
> 一切都是水,一切都是水.
>
> 时间自身的船体掉过头来,
>
> 顺着它蜿蜒的航线而下.
>
> 一座白柱子的宅第耸立在河岸,
>
> 斑鸠的飞翔划破了天空的宁静
>
> 远处已是一片泛紫色的群山.

《尼亚加拉瀑布》

> 蓝色之上的白色,
>
> 被蓝色包围的白色.
>
> 像沉溺于梦幻的死亡,
>
> 鸟的羽毛多于游人的发丝.
>
> 鸟的嘴唇比情侣的嘴唇,
>
> 更早触及云母的雨帘.

我随意说出几个名字,

让它们从水上漂走.

和黑夜一起降临,

一枚失血的太阳颤抖了.

向死亡再进一步,

一千只冰凉的手伸入我的后颈项.

《哈瓦那》

我看见玫瑰色的火焰中,

激荡着一个大海.

街道敞开来,

像一个成年男子的胸膛.

斑驳的墙壁和窗扉,

失却了青苔的天井.

人们从洞一样的门里进出,

朗姆酒的瓶子被收回.

莎莎舞曲的余音缭绕,

从高高的防洪堤上.

那个勇敢的古巴男孩,

又一次纵身跃下.

三面环礁的激流,

城堡一样的大教堂.

犹如硕大的容器,

吸纳着五颜六色的游客.

而在古老的跑台山上,

朝向北方雾气腾腾的海面.

一支支火炬被点燃,

等待某个时辰的到来.

3.2　爱诗的外国数学家

在国外,也有一些数学家,他们具备很好的文学功底,写出过一些流传后世的诗篇.

3.2.1　毕达哥拉斯的诗

斜边的平方,

如果我没有弄错,

等于其他两边的

平方之和.

两千五百多年前,希腊人毕达哥拉斯用诗歌描述了他发现并证明的第一个数学定理,史称毕达哥拉斯定理,它在中国又被叫做勾股定理.

3.2.2　牛顿的《三顶冠冕》

牛顿辍学在家,但牛顿的好学精神感动了舅父,后得舅父和中学校长对牛顿母亲的劝说,得以重返学校.牛顿十分激动,他如饥似渴地汲取着书本上的营养.并写了一首题为《三顶冠冕》的诗,表达了他为献身科学而甘愿承受痛苦的心情:

世俗的冠冕啊,

我鄙视它如同脚下的尘土,

它是沉重的,

最好的结局也不过是一场空;

而现在我愉快的迎接

一顶荆棘的冠冕,

尽管刺得人疼痛,

内心却觉得甜美;

我更看见那光荣的桂冠

在我面前呈现,

它充满幸福,

永恒无边.

3.2.3 雅各布·伯努利《猜想的艺术》中的一首诗

瑞士著名数学家雅各布·伯努利在其《猜想的艺术》中赋诗一首,表达对于无穷级数的惊喜之情:

区区一个有限数,无穷级数囊中收.

"巨大"之魂何处寻?细小之中长居留.

"有限"不是等闲物,狭小范围岂可圈.

无穷大中识微细,人生快乐复何求.

广袤无边管中窥,物外神奇我心游!

3.2.4 高斯写过的一首诗

给我最大的乐趣,

不是已经获得的知识,

而是不知疲倦地学习;

不是摆在眼前的东西,

而是不断地去猎取;

不是安营扎寨来休息,

而是继续纵马驰驱.

3.2.5 西尔维斯特写的一首赞美数学家切比雪夫的诗

下面是英国数学家西尔维斯特写的一首赞美俄国数学家切比

雪夫的诗：

  素数的脾气难以驾驭,

  只有他(指切比雪夫)能使它规规矩矩.

  素数像一股飘忽不定的溪流,

  唯有他能让它待在代数的领域.

  如果这是一个贴切的比喻,那么,

  他已为它筑起了坚固的大堤,

  尽管河道曲折遥远,

  河水再也不会四处横溢.

3.2.6　哈密顿的《学院雄心》

  爱尔兰大数学家哈密顿写过一首《学院雄心》,据说是他 18 岁读大学一年级时写给他喜欢的一位女孩的.

  哦！雄心有勃发的时刻,

  力量振奋着精神；

  不在露营的原野,

  不在华贵的王位和宫廷,

  不在忙碌生活的谋略,

  是燃烧的少年无畏的斗争.

  当狂热的精神激荡,

  无论荣耀在何处闪光.

  不要想那光耀多么短暂,

  生活的赞美更应该向往.

  环顾竞技场,你看那

  苍白的面颊和暗淡的目光；

  一群群的斗士,几个能

  保持纯真和健康的色彩？

曾经活跃的精灵

已随彻夜的凝思偷偷溜走.

短短几个小时后一切都了结,

有人赢了一场又一场,

还有人从赛场落败,沉重而悲伤.

拿什么来奖赏征服者?

为了他的辛劳,他的痛苦,

还为那每一个午夜的悸动,

偷走了他燃烧的灵魂.

是大声的欢呼,

还是大众惊异的眼光?

是忌妒者的失望和羞愧,

还是浮名的虚声?

它们也许能博得一时的微笑.

却不能留下永久的快乐.

不要介意纯粹的欢喜,

自私的欢喜不可能

扬起悲伤的眉头.

然而,假如雄心有勃发的时刻,

让力量振奋着精神,

有些光亮的奖赏就是它自己,

给相信的人带来好运:

好奇的朋友赞许的眼神,

对手慷慨的同情,

还有无言的佳人

明眸里甜美的巧笑!

它们才是快乐,纯真而强烈,

　　铭刻在心,永生难忘;

　　忧愁随着时间流走,

　　它们的记忆更加长久.

3.2.7　"波斯李白"——奥马·海亚姆的《鲁拜集》

奥马·海亚姆:波斯数学家,诗人.他创作了一千多首四行诗,后集为流传千古的《鲁拜集》.他在诗歌方面的成就远远超过他在数学方面的成就.

《鲁拜集》

《鲁拜集》阿拉伯语的意思是"四行诗".这种古典抒情诗的基本特征是:每首四行,独立成篇,第一、二、四行押韵,第三行大抵不押韵,和中国的绝句相类似.内容多感慨人生无常,当及时行乐、纵酒放歌.诗作融科学家的观点与诗人的灵感于一体,包含了哲人的迷惑和诗人的潇洒,成为文学艺术上的辉煌杰作.

《鲁拜集》在中国有二十多种译本,郭沫若、胡适、闻一多、徐志摩、朱湘、黄克孙等名家都翻译过《鲁拜集》,不过还是公认郭沫若译得最好.郭沫若充满激情而又抑扬顿挫的译文,为其诗句融入了中国古典诗歌的风雅,楚辞的浪漫,近代新体诗的直白和东方哲人的智慧,令这本文学名著大放异彩.《鲁拜集》还先后被译成英、阿拉伯、拉丁、法、德、意、丹麦、中文等多种语言,是国际性的文学巨著.下面对《鲁拜集》内容作些简要介绍.

海亚姆想从无生命的物体中,探讨生命之谜和存在的价值:

　　恍然入世,如水之不得不流,

　　不知何故来,也不知来自何处;

　　恍然出世,如风之不得不起,

　　吹过这漠地,终不知往何方去.

我把唇俯向这可怜的陶樽,

向把握生命的奥秘探询;

樽口对我低语道:"生时饮吧!

一旦死去你将永无回程."

当奥马·海亚姆在古稀之年、满腹经纶的数学家反省自己时,却发现自己一无所知:

我的心智始终把学问探讨,

使我困惑不解的问题已经很少.

七十二年我日日夜夜苦苦寻思,

如今才懂得我什么也不曾知晓.

伊斯兰教的阴历最大的缺点是和寒暑完全脱节.而海亚姆改革后的阳历和四季是一致的.他对此颇感欣慰,曾作四行诗以咏其事:

啊,人们说我的推算高明,

我曾经把旧历的岁时改正——

谁知道那只是从历书之中

消去未生的明日和已死的昨晨.

"波斯李白"

当中国的李白去世后256年左右,在伊朗呼罗珊省丝绸古道上的内沙布尔,诞生了欧玛尔·海亚姆.他不但是一位数学家,更是一位才华横溢、放纵不羁的大诗人.他创作的《鲁拜集》有李白之风,豪放不羁,充满想象力和才气,有"波斯李白"之称.

欧玛尔·海亚姆与李白,他们两个都嗜酒如命.请看他下面的吟酒之诗:

来吧,且饮下这杯醇酒,

趁命运未把我们逼向绝路.

　　这乖戾的苍天一旦下手,

　　连口清水都不容你下喉.

　　树荫下放着一卷诗章,

　　一瓶葡萄美酒,一点干粮,

　　有你在这荒原中傍我欢歌——荒原呀,

　　啊,便是天堂!

在渺无人烟的荒原里,独坐树荫,饮酒赋诗,诗人的孤独感和满足感相互映衬,这种甜中有苦、苦中有甜的滋味的情景,也能见于李白的《月下独酌》.同样的花前树下,同样的美酒独酌,同样的及时行乐,两位诗人虽然相隔万里,但是感情上的相似,让人极为感叹!

3.3　爱诗的中学数学教师

中学数学教师也有喜爱古诗词者,他们的诗作,或记录自己的情怀,或用于酬赠.也有用于课堂教学者,时而在教学中插入一首(有自己的,也有他人或古人的)小诗或几句古典诗词名句,不仅可以活跃课堂气氛,还可启迪学生思维,促进其对数学概念的理解.而学生对知识面广的教师,一般都怀有敬重之心.由于信息来源有限,只能从网上收集到有限的几位中学数学教师的诗作.

3.3.1　万尔遐

万尔遐:著名中学数学特级教师,享受国务院政府特殊津贴专家.诗作颇丰,功底深厚,今选其最具代表性的《数学如诗》(因篇幅所限,只能从 15 首中选其 6),以飨读者.《数学如诗》,是万尔遐老师的简历,是他求学、追求与从教生涯的总结.同仁赞曰:回首当年,先生魂牵梦绕,全在数学!

《数迷》

　　早把痴情入数迷，

　　腰缠万贯几何题.

　　滩头拾贝如添子，

　　枕上描图似扮妻.

　　举尺能朝星走近，

　　持规不让月偏西.

　　三更梦猎追新解，

　　回案常忘披睡衣.

《儿梦》

　　平生美梦儿时多，

　　想摘天边星几颗.

　　竹屋爬完攀岸柳，

　　珠盘拨尽计田螺.

　　摆开加减层层式，

　　唱会乘除九九歌.

　　十里山村从数算，

　　大人都说我着魔.

《求学》

　　京城考中太平庄，

　　师大楼高上殿堂.

　　代数坦然奔极限，

　　几何潇洒辟洪荒.

　　本来割补无先例，

　　欲问盈亏看主张.

　　满壁涂鸦何自信，

宵灯笑我太荒唐.

《为师》

讲堂一站似难支,
弟子齐声呼老师.
台矮台高寻准线,
月圆月缺数周期.
卷头落笔常得意,
课后巡堂怕答疑.
几次折腾终省悟,
青蓝互补日三题.

《课感》

数苑雕龙谁点睛,
思神难让语言明.
满堂困惑双眉紧,
一笑颜开百趣生.
敢闯迷宫寻暗示,
勇抛悬念盼群鸣.
师生争到忘身份,
真善无情更有情.

《对烛》

春晚荧屏对烛光,
讲台照我映辉煌.
人从切点回原点,
心以平方仰立方.
茶饭能容勾股满,
家财可用尺规量.

有幸重逢新甲子,

再画方圆六十章.

《题王芝平①老师照》(外一首)

教改英雄赴会场,

九州公认北京王.

千章万里传师道,

一剑十年亮课堂.

酬志未曾忘礼让,

有成从不霸春光.

谦心当显人间善,

奉献文明共享窗.

3.3.2　大罕(王方汉)

大罕:中学数学高级教师.正名王方汉,大罕乃其笔名和网名.有诗词作品数百篇,其中"数学诗"便有 70 篇之多,可称得上是"多产诗人"."数学诗"行文流畅,寓意深远,颇受人喜爱,有多篇已广为流传.

《我的向量》

给你一个方向,

你就成为我的向量.

给你一个坐标系,

你就在我心空飞翔.

给你一个基底,

带着我,征途启航.

---

①　王芝平:北京市著名中学数学特级教师.

繁复的几何关系,

变成纯代数的情殇.

优美的动态结构,

没有人情冷暖世态炎凉.

哪怕山高路远,

哪怕风雨苍茫,

不管起点在哪里,

你始终在水一方.

啊,我的向量,

你是一股力量,

溶进了我的身体,

在我的血管里,

静静地流淌!

《数与形的感悟》

爱情

爱的思念,

爱的缠绵,

爱的躲藏与虚掩.

至纯的爱,

就像罗巴切夫几何的平行线,

在无穷远处才有交点.

生活

生活把你压扁,

但你总是那么的圆.

只是改变了离心率,

87

成为椭圆.

得与失
人生的得与失,
就像有理数的加法.
代数之和,
等于零.

风景
数学的国度,
处处有风景.
河流、
湖泊、
高山、
险峰、
只有深入其境,
才能领略.

《数学美》

数学美,
桂林的山,阳朔的水.
数学美,
婴儿的笑,少女的眉.
数学是花园,
四季如春吐芳菲.
数学是桥梁,

一路彩霞白云飞.
数学是驿站,
数形怡情忘却累.
唱不尽和谐与简洁,
道不完奇异变幻美.
且不说周髀算经话勾股,
且不说杨辉三角唱堆垒,
哥德巴赫猜想遥相望,
陈省身猜想迎春晖.
啊,数学美,
细细地品,
数学美,
微微地醉……

数学美,
凝固的诗,永恒的规,
智者的心,灵动的轨.
数学是体操
陶冶性情锤炼思维.
数学是武器,
攻城破关无坚不摧.
数学是文化,
清风化雨绽放红梅.
唱不尽鬼斧匠神工,
道不完曲径通精微.
且不说三大危机困千年,
且不说数学史上建丰碑,

声光电磁生物克隆创奇迹,

月宫折桂星际揽胜追先辈.

啊,数学美,

细细地品,

数学美,

微微地醉……

3.3.3 林世保

林世保:中学数学高级教师.有诗作百余首,现录"数学诗"

两首:

《数学的颜色》

数学是棕色的,

一片肥沃的大地,

人类赖以生存的富饶资源.

数学是土色的,

一个土地的孩子,

生生世世吸吮大地的乳汁.

数学是红色的,

一轮初升的太阳,

永远照耀你漫长的人生路.

数学是白色的,

一张剔透的白纸,

供你画出最新最美的画卷.

数学是蓝色的,

一团迷人的问题,

令我们痴迷也让我们神伤.

数学是灰色的，

一道费解的难题，

使你欲罢不能而激发探求.

数学是黑色的，

一个深深的黑洞，

让你吸收无穷无尽的智慧.

数学是褐色的，

一只唱歌的百灵，

日夜栖在您的青翠的枝头.

数学是粉红的，

一块粉红色的砖，

用她的分数敲开幸福大门.

数学是绿色的，

一丝凉凉的春意，

带给你春天的心情和快意.

数学是透明的，

一条清澈的溪流，

小溪流水流过了你的心田.

数学是橙色的，

一支智慧的宝剑，

劈开你不断创业的新天地.

数学是金色的，

一弯金灿的鱼钩，

钓起你未来博大的新市场.

数学是紫色的，

一顶高贵的皇冠，

赋予你最美好的青春年华.

数学是五彩缤纷的,

一种高尚的文化,

一首动人的诗,

一副迷人的画,

散发着无穷的魅力!

《几何的爱》

平面几何,

真的是伤心的.

"三角形"啊,

构造出复杂的图形,

令人眼花缭乱!

神秘的图形叩启象牙的神塔,

倒映着无解的爱情试卷.

深奥的证明,

忧伤的你,迷茫的我.

解析几何,

真的是温馨的.

"二维空间"啊,

构造精美的欧氏曲线,

真是五颜六色!

图形的坐标就像天上的晨星,

映射出五彩的直角坐标系.

X轴和Y轴,

神秘的你,浪漫的我.

爱情几何,

真的是永恒的.

"两点一线"啊,

构造出动人无垠的直线,

可谓天长地久.

永远是那个不变的爱情矢量,

射向世界上两个人的空间.

简单的图形,

一点是你,一点是我.

爱,

是多么的纯洁,

却又如此美妙.

就像数学,

这么通俗

却又那般深奥.

只有把握解题的规律,

超越数将超越永远.

那一绝对收敛的数列,

一万年都不变!

3.3.4 汪跃中(山里人)

汪跃中:中学数学特级教师,网名山里人,与同行常有诗词唱和.

《山里人致万尔遐先生》

一

荧屏铺纸我存心,寄给天涯山里人.

直曲成图知博大,人文谈数听精深.

荫传功德多高卒,乐得糊涂远俗尘.

世上谁能夸富有,先生朱笔采黄金.

二

八四年间我有缘,山人亮帜喻家山.

难题未把优弧贬,高校无须分数缠.

球带放宽宽带网,专家扩大大家刊.

一篇通讯知音众,不老红旗飘数坛.

《奋斗迎来艳阳天》

致万尔遐、王方汉、裴光亚三先生.

坎坎坷坷人生路,

曲曲折折事业梯;

得得失失平常事,

对对错错难辨析.

恩恩怨怨心无愧,

坦坦荡荡不在意;

是是非非任由之,

健健康康有福气!

3.3.5 陈忠怀

陈忠怀:中学数学高级教师.任《数学通讯》论坛版主至今.现录《菊颂》与赠万尔遐老师的诗数首:

《菊颂》

一

数坛常有美梦,

何止万人与共.

多少秘密"同窗"中,

点击就能读懂.

二

人生路远任重,

哪能尽做秋梦.

遍地金甲舞东风,

映射盛世奇功.

三

故人楚地相逢,

畅叙联网横纵.

百花丛中一点红,

见证不老三翁.

四

祥云装点苍穹,

金菊铺满域中.

春去秋来又初冬,

仍把菊花称颂.

《七言·朋友》赠万尔迟老师

一

人生最重是朋友,"子期伯牙"最难求.

尔虞我诈假朋友,肝胆相照真朋友.

二

三生有幸逢良友,喜交万君成挚友.

历经十五跨世纪,连年佳话总长留.

三

平凡教坛几十秋,不敢自称老黄牛.

懒问钱财身外事,只为不负好朋友.

四

慕君赐得一方土,春色满园好气候.

耕耘虽是埋头好,不想风流也风流.

五

老朋友与新朋友,都是五百年前修.

有缘数学来相会,共求硕果满枝头.

3.3.6　易南轩

易南轩:即作者.偶亦涉猎诗词,然因功底之不足与条件之所限,未能在此领地上作辛勤耕耘,因而也就无甚可言的成果.下面所列的"诗"数首,也就难称什么"得意之作"了.

《赞美数学》

虽未作过高峰数学的攀登,只在基础数学的花园里游览、欣赏、体验数学之美,并将这种感受传递给学生.但我深深地爱上了数学,以致到了魂牵梦绕、终生相恋相依的地步!《赞美数学》曾作为我的《数学美拾趣》一书的"卷首诗":

我赞美那与我日夜相守的

数字、字母、符号、式子和图形,

像浮在空中轻轻飘荡的五色花瓣

萦绕在我的脑海之中;

像一个个流动的金属音符,

碰撞发出一串串清脆叮咚之声;

像钢琴上的键盘,

弹奏出悦耳的谐音;

像一道划破长空的闪电,

将我灵感的引线接通.

＊　＊　＊　＊　＊

那数字、字母、符号、式子和图形.

在莫测的变幻里

组合出一个神奇的世界.

而我从方程、公式、图形的直觉

和逻辑推理中,

获得一种优美而崇高的体验,

痴情、忘我,融汇成了

一种快慰和神圣的感情!

《悼陈景润院士》

1996 年 3 月 19 日,惊悉著名数学家陈景润逝世,感慨系之,因成七律一首以为悼念:

"猜想"沉迷痴亦狂,常人不解谓神伤.

哥峰攀越顶巅近,数国遨游物我忘.

院士辛劳终积疾,心灵化蝶仍飞忙.

"明珠"终究归谁摘? 留与世间费思量!

《重来北航有感》

1984 年 11 月来北航落实政策,离开北航转瞬已廿又五年矣:

过往艰辛廿五年,如同云雾亦如烟.

犹疑往日萦新梦,不信今身缔旧缘.

黑海飘零几近覆,荆山涉旅数临悬.

来程反顾心惊碎,重束新装奋向前.

《获"苏步青数学教育奖"一等奖喜赋》

1999 年 10 月获第四届"苏步青数学教育奖"一等奖. 在大会安排的一等奖获得者 20 分钟的发言中,以下列一首七律作为发言的结束:

有幸中年步杏坛,①青灯敬业未偷闲.

数园探美寻幽境,教术求新上艺山.

辛苦耕耘期有得,创新意识觉尤难.

谆谆长记苏公语,原草春翻笔下澜.

《喜获"国家科学技术进步二等奖"有感》

2010 年 3 月得知拙作《数学美拾趣》作为《好玩的数学》丛书之一,荣获 2009 年度"国家科学技术进步二等奖".喜讯传来,兴奋之余,欣然命笔:

退休十载,已是古稀年,

笔未停,脑未闲,

三千六百五十日,

纵马、奋蹄、扬鞭.

览风光无限,

历气象万千.

功夫酬辛苦,

挥汗写华年.

五部著作呈书案,

辛勤浇灌结果甜.

尤有《数学美拾趣》,

与我心意相通、相连.

十年畅销不息,

数万读者结缘.

众多青睐语,

谈笑相互传.

---

① "有幸中年步杏坛"是指笔者四十岁才"半路出家"开始从事中学数学教学.

美的音符化成蝶,
春风拂面喜眉尖.
传喜讯,惊意外,
仔细想,犹在意中间!

第4章　诗歌为数学人咏叹

4.1　用诗歌赞美中国数学家

在没有阿拉伯数字,没有字母和运算符号的年代,我们的祖先仅靠"算筹"与方块字(古文)叙述来进行圆周率的计算(刘徽、祖冲之等)和解高次方程、方程组(李冶、秦九韶、朱世杰等),其繁杂和难度,在今天我们几乎是无法想象的,而我国古代的这些数学家却能持之以恒地去坚持,终而取得杰出的成就.

再看我国现代数学家:如华罗庚的自学成才,陈景润在逆境中的艰苦攀登,吴文俊在花甲之年,才开始一门新学科——"数学机械化"的创立.面对这些数学先辈怎能不充满了敬佩之情,应当歌颂他们清高的灵魂、顽强的意志、真善的美德和为人们树立的良好榜样!

4.1.1　祖冲之

《咏祖冲之》·郑中

> 三国争雄归晋统,八王之乱势渐倾.
>
> 上承两汉启隋唐,五胡入华四百年.
>
> 中国再度百家鸣,名士清谈玄学兴.
>
> 自由洒脱竞风度,理性思辨人觉醒.

前凉倡儒北凉佛,河西文化汇流行.

淝水战后五十年,刘裕北伐揽政权.

篡夺东晋改称宋,建康城楼闹哄哄.

宋朝有一建筑官,迁居江南为朝廷.

几代先辈通历法,天生奇才名冲之.

幼承家学性聪慧,后入华林专志趣.

好玩数术喜天文,常测太阳与行星.

博闻强记览群典,搜罗上古至当今.

亲量圭尺察仪漏,目尽毫厘穷筹心.

精测细割逼圆周,昏灯长夜进密率.

推导球体释九章,缀术演成大明历.

严驳宠臣守陈旧,探源求真敢创新.

且造失传指南车,再创水碓磨舂米.

新亭江试千里船,一天可航百余里.

知音善文富才艺,十卷小说述异记.

阐儒释道批经义,惜哉诸作多散逸.

呜呼当世风败坏,弑君灭国篡相继.

王侯弄权刮民脂,英杰务实谋群利.

自古大哲精数理,玄思妙想多奇技!

《伟大的数学家祖冲之》

千古圆周算有期,天文历法悟玄机.

丰功万载留青史,旷世奇才谁可敌.

4.1.2　李冶

《送李敬斋行》·耶律铸

一代文章老,李东归故山.

浓露山月净,荷花野塘寒.

茅屋已知是,布衣甘分闲.

世人学不得,须信古今难.

李敬斋即李冶,金、元之际数学家.李冶为人威武不屈、富贵不淫.元朝耶律铸在《双溪醉隐集》这本书的卷三中,有一首《送李敬斋行》的诗,高度赞扬了李冶.

4.1.3 熊庆来

《咏熊庆来的嵌名诗》·魏长玉

熊氏得识华罗庚,

庆幸奇才应运生.

来往几多千里马?

伯乐一眼百世功!

4.1.4 华罗庚

《自学成才的数学大师华罗庚》

生来就是演方程,精算圆心持以恒.

英美辞别归故里,雄踞数论最高峰.

《永遇乐·华罗庚教授百岁冥辰纪念》·丘成桐

家国飘零,关山难越,剑桥归处.翠老春湖,滇池絮落,豪杰知几许?克难时节,干云意气,任他暴风横雨.照灵光、飞扬怒马,文章独擅俦侣.

神州再造,飞回头雁,子弟得教七五.复变多元,堆垒难绝,矻矻求新路.东游憔悴,高谈未尽,忍乘黄鹤归去.而今算、星沉素数,难忘隽语.

4.1.5　陈省身

《赞陈氏级》· 杨振宁

我国数学家陈省身被誉为"20 世纪伟大的几何学家",国际数学界称赞其"将数学带入一个新世纪".下面是他的学生,诺贝尔物理学奖得主杨振宁称颂他的诗《赞陈氏级》:

> 天衣岂无缝,匠心剪接成.
> 浑然归一体,广邃妙绝伦.
> 造化爱几何,四力纤维能.
> 千古寸心事,欧高黎嘉陈.

他称赞"陈类"不但具有划时代的贡献,也是十分美妙的构想.他认为陈省身在数学界中的地位,已直追大数学家欧几里得、高斯、黎曼和嘉当.

《赠诗一首》· 杨武之

1962 年夏天,陈省身教授去瑞士日内瓦看望他和柯召、华罗庚、许宝騄的老师、著名数学家杨武之先生时,杨先生送陈省身一诗:

> 冲破乌烟阔壮游,果然捷足占鳌头.
> 昔贤今圣遑多让,独步遥登百丈楼.
> 汉堡巴黎访大师,艺林学海植深基.
> 蒲城身手传高奇,畴史新添一健儿.

可以看出,这首诗既流露出老师对学生取得的成绩的赞许和欣慰,也讴歌了中华儿男勇攀世界科学高峰的豪迈气概.

《向陈省身致敬》

1979 年,陈省身从加州大学伯克利分校退休时,学校为他举行了国际微分几何会议,从世界各地赶来的 300 多位数学家用歌声颂扬起他的数学功绩：

> 向陈省身致敬！数学的伟人！
>
> 他使得高斯–博内公式家喻户晓，
>
> 他发现了内蕴的证明，
>
> 他的真理传遍了世界，
>
> 他给我们陈类，
>
> 还有第二不变量，
>
> 纤维丛和层，
>
> 分布和叶形！
>
> 让我们大家向陈省身欢呼致敬！
>
> 向陈老先生鞠躬：
>
> 他的数学，至美，至纯.
>
> 他的一生，至简，至定.

4.1.6　苏步青

《贺苏步青教授百岁寿辰》·丘成桐

> 潋滟西子湖，逶迤山阴路. 灵秀汇东南，苏公擎一柱.
>
> 束发游扶桑，几何称独步. 润物成茂林，晚乃安居沪.
>
> 百岁古难期，喜见今胜古. 万里仰高山，因奉心头语.
>
> 福如太平洋，寿比官街鼓.

《致诗人数学家苏步青大师》·陈应贵

> 长寿面①煮成带溪②，
>
> 小芋头③点缀几何.
>
> 心血凝聚数的王国，

---

①　③为苏老喜爱的家乡小吃.
②　苏老家乡的小溪.

汗珠洒入情的诗篇.
抽象的语言,
画出数的图案;
思维的符号,
融入诗的美丽.

故居边,枇杷抱榕树,
一条古藤,
一条拉普拉斯苏链.
把理想和真理连成线条,
异国中,留太阳脚印,
一生赤诚,
一座微分几何空间,
心形线上布着两点:数,诗.

将家乡的明月,
吟成一支神奇优美曲线.
生命结晶,步步诗花,
何时共赏卧牛月.
洒毕生的热血,
装点微分几何苏氏锥面.
人格投影,射影曲线,
卧牛山下农家子.

诗人中最好的数学家.
为祖国人才金字塔,
谱写数的神奇.

用严密又精确的逻辑,
造就巨大苏步青效应.
数学家中最好的诗人.
融浪漫而幻想的形象,
漫步诗的几何.
诗情化成漫天星星,
永恒闪烁在高维空间.

4.1.7 李国平

《李国平院士百年祭》·吴永存(加拿大)

揭岭昂藏竹帛名,苏华鼎足早蜚声.

文光孔孟千秋业,铎振神州万里情.

数理精研凭睿智,风骚独步壮生平.

瓣香遥祭梅斋客,故国婵娟照胆明.

《缅怀李国平先贤》·詹建楚

斯人一去风云变,河岳齐吟隔世情.

料得九泉添日月,再无寒气袭征程.

《为李国平画像》·李邦河

三镇人物今何在?李公墨泼黄鹤楼.

才艺诗书皆炉火,气中刀剑尽风流.

常驱数学险峰探,时驾物理长江游.

更喜古稀大手笔,群贤义聚黄鹤楼.

李邦河首度将该诗公之于众,他说:"以诗忆国平,是缅怀他的最好方式."

4.1.8　钱宝琮

题《骈枝集》·张宗祥

1951 年,钱宝琮将手抄本《骈枝集》呈交恩师张宗祥(阆声)评点,老师欣然挥毫于诗集扉页,赞美之辞溢于言表:

惊武钱生至,《骈枝集》一编.

横空诗律苦,突阵短兵坚.

天历穷新义,冬官释旧诠.

还将馀墨沨,黔桂纪山川.

琮如老弟见示所著诗集,奉题一章.青之胜蓝,古已云然,读者勿哂.

题《骈枝集》·俞平伯

20 世纪 60 年代初,钱宝琮先生与俞平伯先生交流旧体诗词,将《骈枝集》诗稿送至俞家.几天后,俞先生送还诗稿,并在诗稿上留下了亲笔诗句:

拜观大集,华实兼茂,不胜钦迟.以俚言书感,聊尘睐博笑耳.

畴人妙诣君家旧,言志缘情悉所谙.

愿得扶轮依大雅,十年兄事我犹堪.

4.1.9　陈景润

《题陈景润》对联·王永剑

著名书法家王永剑先生为陈景润题写对联一副,笔墨酣畅,沉雄劲节:

水流任意景,松老清风润.

《陈景润》一书序言摘录·沈世豪

《陈景润》一书作者沈世豪在该书序言中说:陈景润的一生,是足以让世世代代皆可细细揣摩、咀嚼、吮吸,以至于奉为典范的一部长卷,一部鸿篇巨制.

他的经历比传奇更曲折.

他的性格比小说更鲜明.

他的气质如南方的榕树.

他的品格是北方的桦林.

《送给陈景润的诗》·李学数(《数学和数学家的故事》一书作者)

蜩蚳纷扰蛇鼠窜,寡廉宵小苟蝇钻;

群妖盛气中宵舞,壮士断腕黔黎苦.

周公吐哺撑天堕,中流砥柱挡汪澜,

天公有情惊衰老,哀鸿遍野意沉消.

苍天亦悲降霖雨,风卷阳霾露朝晖,

自古疾风知劲草,尔今板荡识英雄.

恩怨委屈俱忘怀,雄关漫道从头越,

待到四化实现日,毋忘奠酒慰英魂.

4.1.10　吴文俊

《吴文俊乃今人杰也》——以吴文俊名字写的藏头诗

吴楚万家皆在掌,

文场三化鲁儒生.

俊才早在苍鹰上,

乃眷天晴兴隐恤.

今朝何事偏情重,

人生不富即贫穷.

杰句尤觉清诗屏,

也随风去与郎同.

4.1.11　杨乐

《浪淘沙·赠杨乐教授七十大寿》·丘成桐

　　携手沫晨风,拱让相容.聚贤京阙翰林中.年少英豪谈笑处,仰止攀从.

　　功名竟匆匆,复变无穷.举杯犹忆状元红.一语一辞思往昔,寿与天同.

4.2　用诗歌赞美外国数学家

　　号称人类最伟大的三大数学家:阿基米德、牛顿、高斯,还有欧拉,他们给人类留下了极为宝贵的财富;欧几里得的《几何原本》两千多年来一直被西方作为数学教材;英年早逝的阿贝尔和伽罗华,却给后人留下了永恒的财产.因此,我们应当对数学家予以热情的歌颂,歌颂他们对真理的追求和对人类文化无私的奉献!

4.2.1　阿基米德

《阿基米德》·葛根哈斯

　　　出身西岛书香门,多种科学创始人:
　　　行星仪上演天象,方次计算宇宙身,
　　　螺旋扬水灌田地,三体穷竭微积分,
　　　澡盆溢水得原理,血溅图形成天神.

4.2.2　欧几里得

《欧几里得》

　　　全部生活是校园,精研师作悟真传;

前人知识有缺欠,欧几里得著新篇;

不朽著作十三卷,影响后世几千年;

直言对话托勒密,指路明灯后人攀.

《欧几里得》·欧阳维诚

原本书成万古传,求真典范十三篇.

公平自应如公理,不予君王捷径权.

4.2.3　毕达哥拉斯

《毕达哥拉斯百牛之祭》

传说中,毕达哥拉斯发现他的关于直角三角形三边关系的定理时异常高兴,命宰杀百牛祭祠缪斯女神这个故事直接导致下面一首德文诗的产生:

真理:她的标志是永恒.

一旦愚昧的世界见到她的光芒,

毕达哥拉斯定理今天依然正确,

犹如它首次被传授给兄弟会一样.

女神们把这束光线赠送给他,

毕达哥拉斯回祭一份纪念品.

一百头牛,火上烤熟,切成细片,

表达对他们的感谢,让他们高兴.

从那一天起,当它们猜测

一个新的真理会被揭去面纱,

在恶魔似的围栏里,哀鸣立即爆发.

毕达哥拉斯让他们永远紧张不宁,

他们无力胆档真理发现者的暴行,

他们颤抖着,绝望地闭上了眼睛.

4.2.4　牛顿

《苹果树下》

关于苹果落地的故事,后人曾写过这样的一首诗:

牛顿视苹果落地,

沉思里的惊鸿一现.

道来:我不愿耗费心思向世人解释,

无论以何种先贤之信条抑或计算之结果.

地球围绕太阳旋转,

乃"引力"所致之普遍现象.

此亦凡人所能理解之境,

自亚当,自苹果之堕.

《三一学院的一夜》·华兹华斯

诗人威廉·华兹华斯,性格有些压抑,他描写了在三一学院度
过的一夜:

遥借星月之光,

伏枕远望,

教堂前矗立着牛顿雕像,

看那默然无语,

却棱角分明的脸庞.

这大理石幻化的一代英才,

永远在神秘的思想大海中,

独自远航.

《永恒的牛顿》·蒲柏

1727 年 3 月 20 日,牛顿病逝,英国政府为他举行了国葬.文学家伏尔泰说:"我曾见到一位数学教授,只是由于贡献非凡,死后葬仪之显赫,犹如一位贤君."全世界有许多赞颂牛顿的诗篇.例如,英国大诗人亚历山大·蒲柏曾写道:

宇宙与自然的规律藏匿在夜空,

上帝说"要有牛顿",

于是一切都变得光明.

4.2.5　莱布尼茨

《莱布尼茨》·欧阳维诚

微分曾惹产权争,二进休疑独创名.

文化交流真巨匠,因研易理识先生.

4.2.6　笛卡儿

《笛卡儿》·蔡天新

岛屿存在了数千年,

一个衰落的贵族之家,

像伊比利亚的维加.

海平面悄悄地上升,

几何体隐匿在水下,

不安、敏感、生性孤僻.

等待船只和旗帜,

等待克里斯蒂娜女王,

徒然把灵魂的激情奉献.

《我看见了笛卡儿》·周天亮

我在直角坐标架里寻觅,

随着流动坐标飞驰!

P 点、Q 点、A 点、B 点

像星星闪亮又多又密!

坐标系里坐着笛卡儿,

双眼射出智慧和魅力!

他的数学思想像河流,

奔流出充满色彩的历史,

他把代数与几何间的大桥架起,

于是双曲线抛物线像彩虹绚丽!

呵,我看见了笛卡儿,

令我如醉如迷:在数学天地里!

4.2.7　高斯

《高斯画像》

哥廷根大学为他建立了一个以正十七棱柱为底座的纪念像,
在慕尼黑博物馆的高斯画像上有这样一首题诗:

他的思想深入数学、空间、大自然的奥秘,

他测量了星星的路径、地球的形状和自然力.

《高斯》·葛根哈斯

家庭出身太普通,上帝赐予是神童;

随着足迹现奇迹,一生研究成果丰;

数学探讨有数论,天体计算谷神星;

测绘大地坐标点,磁量单位高斯称.

《写给高斯的诗》

　　一个正十七边形,

　　精美地镌刻在墓碑上;

　　像佩戴在德国"数学王子"胸襟,

　　最灿烂的一枚勋章;

　　虽然生命之花早已谢萎,

　　墓前的花蕾却在阳光下绽放.

　　人说你是一位神童,

　　每个细胞都萌发超群的力量;

　　你自知探索的道路多么艰辛,

　　成就从来靠勤奋储藏……

　　噢,千万别用懒惰消磨豆蔻年华,

　　我懂了,报酬和心血永远一起成长!

4.2.8　欧拉

《欧拉》·欧阳维诚

　　天将大任降斯人,苦志劳心残废身.

　　我向诸生传定理,先从铁锤①讲精神.

4.2.9　费马

《费马》·欧阳维诚

　　长将数学寄情怀,四大分支创始来.

　　莫道业余空议论,一猜量尽后人才.

---

①　"铁锤"指数论中的欧拉定理.

4.2.10　罗巴切夫斯基

《罗巴切夫斯基》·欧阳维诚

撼山容易撼欧难,颠覆人间认识观.

笑骂如潮何所惧,空间从此地天宽.

4.2.11　阿贝尔和伽罗瓦

《阿贝尔和伽罗瓦》

阿贝尔和伽罗瓦都是在年轻的时候离开人世,他们对数学的影响却无比深远:

原谅话也不讲半句此刻生命在凝聚,

过去你曾寻过某段失去了的声音,

落日远去人祈望留住青春的一刹.

风雨思念置身梦里总会有唏嘘,

若果他朝此生不可与你那管生命是无奈,

过去也曾尽诉往日心里爱的声音,

就像隔世人期望重拾当天的一切.

此世短暂转身步进萧刹了的空间,

只求望一望让爱火永远的高烧,

青春请你归来再伴我一会.

4.2.12　庞加莱

《庞加莱》·欧阳维诚

数学天才磨难生,英明渺小任人评.

鞠躬尽瘁精神在,留得生前身后名.

4.2.13　罗素

《罗素》·欧阳维诚

誉满文坛收诺奖,疑生悖论动根基.

解铃常赖拴铃手,逻辑能扛数学旗?

4.2.14　格里高利·佩雷尔曼

《致俄罗斯数学家格里高利·佩雷尔曼》

格里高利·佩雷尔曼,因解答了 20 世纪七大数学难题之一——庞加莱猜想而被国际数学家大会授予菲尔茨奖.但这位数学奇才佩雷尔曼却没有出席在西班牙首都马德里举行的菲尔兹奖颁奖仪式,也拒绝接受此奖.

潜心数学本天才,孝子箪瓢须满腮.

巨奖两回何足道,安贫乐土吃长斋!

4.3　用诗歌赞美数学老师

这里的数学教师,主要是指中、小学数学教师.他们站在三尺讲台上,真可谓是"黑发成霜织日月,粉笔无言写春秋".正如我们常说的:"他们是火种,点燃了学生的心灵之火."这些"忙忙碌碌,终其一生"的数学教师,成了"照亮了别人的红烛",然而却是"蜡炬成灰泪始干""毁灭了自己"的红烛!我们当然也应该去歌颂他们.但是,我们更希望能出现"既照亮了别人,又提高了自己"的"创造型""专家型""学者型"的数学教师!

《献给所有的数学老师》

将生命分解到点,

将甘苦集中成线.

把智慧汇成圆,

绘出一条又一条优美的曲线.

毅力如三角般坚定,

志向似直线般无限.

点、线、面、体是你生活的主题交响乐,

自我的价值是我们的黄金分割点.

社会是三角函数,变幻莫测,

学子则是众多角度,复杂多变.

数值的配合还需你来镶嵌,

愿所有园丁桃李满天下,

幸福如射线有际无边!

《数学教师的粉笔生涯》

　　一支粉笔,两袖清风,三尺讲台,四季晴雨,加上五脏六腑,七嘴八舌九思十霜,教必有方,滴滴汗水诚滋桃李芳天下;

　　十卷诗赋,九章勾股,八索文思,七纬地理,连同六艺五经,四书三字两雅一心,诲而不倦,点点心血勤育英才泽神州。

此联是对教师生涯的真实写照,堪称绝妙。上联升序从一到十,下联降序从十到一,各用十个数目字排序。它生动地写出了教师甘作蜡烛愿为春蚕的无私奉献精神。

第 5 章　数学与诗歌的关联与融合

5.1　杂谈数学诗歌

5.1.1　我国数学诗歌溯源——数学诗题的出现

数学很抽象,怎样使数学易于理解,为人们所喜爱,在这方面,中国古代数学家做出了许多尝试,歌谣和口诀就是其中一种.

我国数学诗歌起源于数学诗题的出现,把古算题及其解法编成一首首优美动听、脍炙人口的数学歌谣,其中不乏律诗、词赋、口诀.借歌诀特有的合辙押韵、朗朗上口的优势,轻松地将复杂的数形信息传递,使外形枯燥、抽象且艰涩的数学问题变得易于理解,为人们所接受并喜爱.我国编写数学诗题、以诗歌的形式进行数学撰述始于南宋杨辉,杨辉的《日用算法》是用诗词歌表达最集中的一本书,也是流传至今最早的一批数学歌诀.

5.1.2　数学诗题的发展与盛行

元代数学家朱世杰在他写的一部深入浅出的数学教科书《算学启蒙》中,在全书之首,给出了 18 条常用的数学歌诀,包括乘法九九歌诀、除法九归歌诀等口诀等,逐渐引导读者由浅而深,进入数学的境界.其中有一首"九归除法"的歌诀,成为了日后中国民间商业珠算的归除歌诀,方便了民间商业的运行,贡献很大.在朱世杰另一部著作《四元玉鉴》中,主要内容题目都是用诗歌表述的.题中的诗和词形式新颖、生动有趣,又押韵、易上口,很能激发读者学习的兴趣.其中有家喻户晓的"李白沽酒"等诗题.

明代的一代珠算大师程大位,在他的被后世称为珠算经典——《算法统宗》中,首次完整地叙述珠算定位法的是《算法统宗》中的"定位总歌":

数家定位法为奇,因乘俱向下位推.

加减只需认本位,归与归除上位施.

法多原实逆上数,法前得零顺下宜.

法少原实降下数,法前得零逆上知.

《算法统宗》中诗词贯穿全书,这些诗词,既是优美的文学作品,又是直接为数学服务的.在衰分章中,用一首《西江月》来命题:

群羊一百四十,剪毛不惮勤劳,群中有母有羊羔,先剪二毛比较.

大羊剪毛斤二,一十二两羔毛,百五十斤是根苗,子母各该多少?

再如盈朒章中,用了一首五律来命题:

今携一壶酒,游春郊外走.

逢朋添一倍,入店饮斗九.

相逢三处店,饮尽壶中酒.

试问能算士,如何知原有?

此诗不仅朗朗上口,而且具有浓厚的生活气息,仿佛在眼前展现出一幅情趣盎然的携酒春游图.这种大众化的生动诗歌,无疑会引起读者的兴趣.《算法统宗》寓算题于诗词,赋数学以文学色彩,人们在愉快地欣赏这些诗词的同时,也就开始了对数学的理解.

程大位在其《算法统宗》里用诗歌概括了著名"孙子问题"的解法:

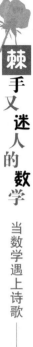

三人同行七十稀,五树梅花廿一枝,

七子团圆月正半,除百零五便得知.

前三句的意义是点出了 3、5、7 与 70、15、21 的关系,后一句指出求最小正数解还需减 105($105 = 3 \times 5 \times 7$),让一个只懂加减乘除的人也能解不定方程了.

清代数学家梅瑴成,根据程大位《算法统宗》原著中有关诗题进行增删,写出了我国最后一本运用诗歌形式的《增删算法统宗》,成为程大位《算法统宗》得以流传的重要里程碑.

5.1.3　数字入诗——数学诗的萌芽状态

当代著名作家秦牧说:"诗歌中适当地引用数字,有时的确情趣横溢,诗意盎然."数字入诗,这是数学诗的萌芽状态.诗人青睐数字,大概有以下几个原因:

1)因为数字具有抽象性和简洁性,所以数字入诗不仅可以使语言精练,而且可增强诗句的概括性.如,毛泽东的诗句:

四海翻腾云水怒,五洲震荡风雷激.

只用一个"四海"、一个"五洲"就把整个世界的形势都概括进来了.

2)数字从某一侧面对事物形象描写,可起到强烈的艺术夸张效果.如,柳宗元的诗:

千山鸟飞绝,万径人踪灭.

孤舟蓑笠翁,独钓寒江雪.

"千""万""孤""独"的数字有尖锐的对比和衬托作用,令人为之悚然!

3)数字在律诗中还能使对仗更加工稳,使音节更为铿锵.

如岳飞的诗句:三十功名尘与土,八千里路云和月.

与陆游的诗句:三万里河东入海,五千仞岳上摩天.

同样是壮怀激烈!

数字入诗,不仅为诗作平添趣味性,更为诗增加了力度和厚度.但数字入诗,它不是数学诗的特征.

5.1.4 到底什么是数学诗

那么,到底什么是数学诗呢? 首先,数学诗应该是具有数学内容的诗,是诗歌体裁的一种.内容可以是对数学的认识、感悟和赞美,也可以是对数学内涵的发掘与延伸,还可以将数学与人或物比拟的描述.总之,数学诗的意境,应具有数学的意象(意象:简单地说,就是寓"意"之"象",就是用来寄托主观情思的客观物象).数学诗讲究形象性和含蓄美,故诗人们多选用生动形象的意象入诗.现在一般把数学诗萌芽状态的数学诗题和数字诗也纳入数学诗的范畴,但数学诗绝非就是数字诗.

数学诗将这门最不具有形象和含蓄的数学学科,通过发掘数学本身存有的美感,向读者呈现一种极富美感与感染力的诗作.数学诗虽是诗歌体裁中的一种,但要写出优秀的数学诗,既要有严谨的逻辑思维,具备一定的数学素养;又要有浪漫的激情,具备一定的文学功底.也就是能在数学感知的过程中领悟到诗意.

5.1.5 结语

在数学诗中,数学与文学的完美结合,令人趣味大增,让人无比向往.当数学用语言表达,当语言添加上数学,品味起来会新奇兴奋,回味起来又余味重重.数学诗歌是数学天空中闪烁的繁星,更是诗歌海洋里的一朵浪花,别具一格,匠心独具,它是数学与文学的交汇,是数学家和诗人的和谐统一.

下面分别收集有"旧体数学诗"与"现代数学诗",可供"数学诗"的爱好者欣赏.

5.2　用旧体诗咏数学

"五四"时期,新文化运动的倡导者们主张采用白话写诗,遂有"新诗"的出现.为了区别这两种不同的诗体,便把中国古典诗歌称为"旧体诗".在现代,"旧体诗"这一概念主要是为与现代的新诗相区别,它包含两方面的含义:

一是指新诗出现以前,自《诗经》以来的辞赋、古风、律绝、词曲等,与"古典诗歌"的意思相近;二是指新诗诞生后,现代人仍用古典诗歌形式创作,表现现代人生活和情感的诗歌作品.下面收集的"旧体数学诗",是指具有第二种"旧体"含义的"数学诗".

5.2.1　颂数学

《沁园春·数学》

数苑飘香,千载繁荣,百世流芳.读《九章算术》,何其精彩,《几何原本》,意味深长;复变函数,概统理论,壮阔雄奇涌大江;逢盛世,趁春明日暖,好学轩昂.

难题四处飞扬,引无数英才细参详;仰伽罗瓦氏,煌煌群论,陈氏定理,笑傲万方;一代天骄,A.怀尔斯,求证费马破天荒;欣昂首,看数学发展,无可限量!

《沁园春·几何》

几何内容,丰富多彩,作用非凡.忆华夏上下,论著篇篇;古今中外,群星灿灿.测土量地,窥天算历,助推飞船与火箭.待来日,看充实发展,更趋完善.

点线如此多艳,引无数娇子竞钻研.昔墨翟荀卿,谈方论圆;蒙日欧拉,激发质变.毕达哥拉,笛卡费马,又使数形把姻联. 俱往矣, 要发扬光大, 还靠少年.

《念奴娇·数学怀古》

　　大江东去, 浪淘尽, 千古风流人物. 文明天空, 吾景仰历代数学大师. 刘徽冲之, 牛顿欧拉, 还有笛沙格. 英贤辈出, 世界多少豪杰.

　　遥观数学之树, 枝繁叶茂, 硕果辉五色. 代数精深, 几何奇, 分析功效卓越. 数域流连, 过客笑问我, 什么感觉? 人生有限, 应当勤钻博学.

《四言诗·中国数学》

　　中国数学, 流长源远.

　　原始社会, 数字概念.

　　千年积累, 图形简单.

　　奇数偶数, 技能运算.

　　春秋战国, 数学发展.

　　六艺之一, 畴人出现.

　　乘法口诀, 开始流传.

　　九章算术, 专著秦汉.

　　应用问题, 体例编撰.

　　比例分配, 面积计算.

　　勾股定律, 正负加减.

　　平方开方, 方程开端.

　　土地测量, 谷物交换.

　　水利土方, 理论实践.

　　后世数学, 影响深远.

　　魏晋刘徽, 精辟论谈.

　　圆周率值, 冲之领先.

宋元时期,数学发展.

南宋九韶,特殊贡献.

天元术法,方程解验.

剩余定理,中国特点.

明清时期,东来西算.

几何原本,光启译篇.

同文算指,为我借鉴.

数理精蕴,中外奇缘.

方圆阐幽,出自善兰.

组合恒等,独创领先.

无锡明复,博士桂冠.

筚路蓝缕,科学领先.

清华数学,庆来云南.

提携新人,罗庚当先.

优选法优,统筹法艳.

步青建功,浙大前沿.

东方剑桥,数学灿烂.

组合数学,科技发展.

当今数学,应用广泛.

计算机绝,金融保险.

气象预报,药品检验.

电视广播,智能计算.

科学之母,数学自然.

5.2.2 数学抒情

《几何人生》

世上纷纭多象限,青春寻觅相交点.

有直尺,无圆规,画成两条平行线.

试错来,试错去,两心归一同心圆.

人非圣贤有误差,现时校正得圆满.

《苏武慢》——数学三境界之第一境界

仙峰绝壁,攀登无数,往往到头虚老;支离破碎,细微末节,多少青春废了;鲸吞碧海,芥纳须弥,中西合璧最好,只凭这微分代数,消融那纤维同调;

谁听得,千尺崖前,百丈悬冰,杜宇一声春晓?黑洞路远,夸克关深,行人原自稀少;体系我立,定理自出,此心可通天道;寻根本,识破源流,自有人间真宝.

《声声慢》——数学三境界之第二境界

寻寻觅觅,冷冷清清,寂寂寞寞依依,万水千山独行,登天有计,有我美梦做伴,怎怕他晚来风急,我来也,正悦目,别有一番天地.

满室书本堆积,翻阅尽,查找蛛丝马迹,中西合璧,探索数学真谛,春风化物细雨,会心处点点滴滴,这次第,唯极乐差可比拟.

《沁园春》——数学三境界之第三境界

万物皆流,大化流行,阴阳对偶.看何处奇异,何处障碍;从何处来,向何处流.亏格示性,指标计数,拓扑场论刚开头.神通有,揽彼造化力,渡我飞舟.

科学艺术漫游,读历史峥嵘岁月稠.恰英雄少年,风华正茂;统一数学,思想建构.流形奠基,群论分类,笑傲当年万户侯.凌空起,与天地万物上下同流.

5.2.3 数学名词

《方程》

　　盘古开天地,不惑常相伴.

　　不知欲知之,怎能才相知,

　　预知与已知,往往缠绵之.

　　若能得缠绵,揭开便可知.

《七律·圆周率》

　　量度圆周三六零,回环往复见心灵.

　　阿基米德曾经计,祖氏冲之率永铭.

　　规画相同无异议,盘旋界限有其形.

　　此中方寸应知悟,万物风华隐约听.

《勾股定理诗三首》

　　原来定律本天然,勾股入诗加字弦.

　　总统其初尚未晓,汉家当日有先贤.

　　是真道理无中外,欲问原因自法缘.

　　三线成图今古是,焉能一式画方圆.

　　数理于今渺渺然,凑三勾股合乎弦.

　　无从术学听真识,渐许成规题古贤.

　　意有千千皆物外,情犹脉脉驻心缘.

　　人生未必方而直,明月婵娟亦缺圆.

　　勾股线牵三必然,万千情事几根弦.

　　四维凭理循知识,二点成图考圣贤.

　　五角六张多不是,平方七巧有因缘.

十盈九九终归一,八字人生百岁圆.

5.2.4　几何图形

《三角形》

基本图形建大千,清姿底蕴角边缘.

铺阶无隙成华地,架塔凌云啸碧天.

全等求心从度数,纵横测股看钩弦.

欲须裁剪应循理,斜正相依点线牵.

《平行线》

斜枝交插作权衡,角位关连可定名.

一点牵来一川脉,二絃进出二泉声.

无端有距相离永,有道无宽个性清.

公理真非拓推证,悠悠千古几何情.

5.2.5　数字

《正负数》

算术乘除加减观,凭何正负信心还.

负之原罪正之孽,正以成名负入蛮.

相对相从皆意念,关联关爱总连环.

问是真非同一理,依然情事倩人间.

《如梦令·根号2》

深处时节千里,

消息当年鸳鸯.

归来今日,

一点无情多少.

今夜,今夜

而今时节归来.

5.2.6 穷梦数学诗词6首

穷梦:男,广西北海市人,诗词科普作家.

《破阵子·微积分》

圆饼切分弧减,方砖砌井成圆.一尺之棰连取半,万代积微尺寸全,无穷奥秘玄.

直尺欲将弧测,微分曲化直边.弧既不弯直尺度,无限微丝细细牵,积分长度添.

《钗头凤·黄金分割》

分金链,何出剑,短长之比长除线?方程配,求根备.点六一八,蕴天之魅.

美、美、美!

黄金点,顺人眼,数多优选该值遣.择优遂,见实惠.劳华罗庚,广推优馈.

伟、伟、伟!

《踏莎行·几何公设体系》

两点之间,必连一线,圆心半径随规变.垂直同角线延绵,平行老死隔天堑.

公设天成,无需论辩,几何定理根基奠.平行倘若喜相逢,逻辑无损非欧建.

《浣溪沙·哥德巴赫猜想》

偶数均能双素加,哥德巴赫问欧拉.数学泰斗雾中花.

　　吸引世间千智者, 困难天下万专家. 一加一数论奇葩.

《虞美人·费马大定理》

　　方程勾股弦来谱, 整解无穷组. 幂增等式若存留, 费尔马[①]猜没有整根求.

　　自称巧证嫌书窄, 卅纪难题摆. 赏金十万落谁家? 怀尔斯说除我已无他.

《画堂春·e》

　　无穷倒数再加一, 幂趋极限无敌. 自然规律纵迷离, 也露端倪.

　　悬链螺旋正态, 描图总不缺席. 零一虚数派纠集, 上帝传奇.

5.2.7　三首咏"四色定理"的词作

《如梦令》

　　定理区划四色.
　　公共边界画勒.
　　三色一区奇,
　　绞尽脑汁对策.
　　欢喜, 欢喜.
　　颜色之谜攻克.

《调笑令》

　　颜色, 颜色,
　　巧把地球勾勒.

---

① 费尔马, 即费马, 曾译为费尔马.

一二哪够区分,

五六太乱恼人.

人恼,人恼,

咋就不敌电脑?

《如梦令》

蓝绿红黄四色,

瞻望左右勾勒.

穷举证区分,

猜想岂无良策.

来贺,来贺,

且看远邮攻克.

5.2.8 一首数学史话长联

一首与众不同的数学长联,在读起来朗朗上口的同时,其中也蕴涵了许多的数学知识,描述了数学的发展历程.下面一起来领略一下吧:

宏著传中外,但以立言,心灵独得.探三勾四股定理、九章名术、宫格算方、四元奇术、解几微分、集合线规、向量概率、分图四色,何其博大超凡.茫茫数海莫惊疑,形山隐隐观,求根本、觅秘踪,掩卷扪心任思行,休理会,帘外五更风雨冷!

先贤彰古今,惟因求治,道脉谁承?仰八卦两仪伏羲、五体志宏、七桥欧拉、九解杨辉、几何黎曼、割圆刘徽、流数牛顿、堆垒罗庚,更极精深入圣.赫赫功勋须礼赞,伟业煌煌展,索真经、寻至理,启扉俯首专微巨,可听闻?案头三尺地天宽!

5.3　用现代诗咏数学

现代诗的主流是自由体新诗. 形式上采用白话,打破了旧体诗的格律束缚,内容上主要是反映新生活,表现新思想. 注重自然的、内在的节奏,押大致相近的韵或不押韵. 字数、行数、句式、音调都比较自由,语言比较通俗. 现代诗的特点:有高度的概括性、鲜明的形象性、浓烈的抒情性以及和谐的音乐性.

下面收集的"现代数学诗",是指具有上面"现代诗"特点的"数学诗". 台湾的曹开,湖北的大罕(王方汉)、万尔遐、林世保等都写过许多数学诗. 王渊超的《悲伤的双曲线》、大罕的《我的向量》和《数学美》等都是很流行的现代数学诗.

5.3.1　赞美数学

《有一个地方,古老而神秘》

> 有一个地方,古老而神秘,
>
> 引无数好儿女为之魂飞梦想.
>
> 有一个地方,美丽而宽广,
>
> 引无数好儿郎倾其一生,
>
> 付之衷肠.
>
> 欧几里得,祖冲之,费马,高斯,爱因斯坦,
>
> 杨辉三角形,
>
> 哥德巴赫猜想……
>
> 一个个动人的名字,
>
> 一篇篇醉人的乐章,
>
> 像夜幕里璀璨的群星,

在宝石般天空中熠熠闪光.

哦,那神奇美丽的地方哟,

就是数学的天堂.

聪明的乌鸦用石块填瓶喝水,

让我们感悟到:什么叫体积.

小小的曹冲,用船称出大象重量,

让我们懂得了:什么叫等量代换.

阿基米德智断皇冠,小浴缸泡出大学问,

国际棋盘放麦粒,让一个国家输掉几万年的口粮.

数学的神奇哟,

神奇般的梦幻,

更激发了我们去探寻它丰富的宝藏.

我们也知道,

数学,不是单纯的记忆,

数学,拒绝机械的模仿.

数学与生活相联,

数学与实践同行.

课堂上,我们观察、判断、猜想,

情感与情感在交流,

思维与思维在碰撞.

活动中,我们分组讨论,共同合作,

折小纸片,摆七巧板,路边统计,实地丈量……

于是,我们掌握了比知识更重要的数学思想.

幼小的心灵埋下理想的种子,智慧也插上想象的翅膀.

无数的疑团渐渐消散,无数的困惑渐渐明朗.

发现问题,提出问题,解决问题,

创新的思维在脑海激荡,生动的情境中我们学会成长.

这,是一方神奇的土地啊,

这,是一块美丽的地方.

今天,我们打实基础,奋发图强,

明天,我们在数学百花园长成栋梁.

今天,我们吸吮知识的养分,

明天,我们为数学百花园添彩增芳.

让我们手挽手,肩并肩,共同迈进数学这神圣的殿堂.

《数学,科学王冠上的明珠》

你携带着人类理智的精华,

把一切混乱和丑恶涤荡.

万物因你而各得其所,

星辰因你而闪耀着灵光.

你燃烧着天才的青春,

凭借着瑰丽的想象,

在抽象思维的国度里,

创造着人类智力和思想的辉煌.

你超越语言的羁绊,

比诗歌更易于飞翔,

你没有绘画和音乐中的华丽装饰,

却因纯净、和谐激起人美的欣赏.

你是超凡脱俗的女神,

赐予人类自由意志和思想.

你是智慧发展的源泉,

人类因你获得探索宇宙奥秘的力量.

啊,你犹如明媚的春姑娘,

活力饱满而飞扬,

振奋了我的精神,

驱散了我的迷茫,

引领我朝科学的王国瞩望.

5.3.2　数学抒情

《精确的接吻》——最早的一首数学诗

1936 年在《自然》杂志上刊登了一首数学诗,名为"精确的接吻".内容讲的是平面上两两相切的四个圆互相间的数学关系.下面摘抄这首诗的前两段如下:

如果两片嘴唇接吻,

当然用不上几何三角,

但对两两吻合的四个圆来说,

三角几何可真少不了.

你看这四个圆,

要么三个把一个包住,

它们从外面亲吻那小弟弟;

要么三个被一个套住,

它们从肚子里亲吻那个哥哥.

你说这事好笑不好笑!

两两吻合的四个圆.

尺寸越小越是弯.

半径的倒数叫曲率,

计算起来并不难.

曲率变成零,圆弧变直线;

圆弧凹进去,请把负号添.

四个圆令欧几里得目瞪口呆,

我却有公式能计算:

四个圆曲率平方和,

等于曲率和的平方之半.

《几何学的孤独意义》

几何学创造影子的图形,

在三角形、菱形、梯形……中间,

建立世界的秩序.

无序是什么? 谁解开其中谜?

比如悲剧,比如喜剧,

是什么形状? 圆还是方?

人生把悲剧演成喜剧,

不同的人生,不同的生老病死,

不同的爱,不同的遗憾,不同的缘分.

有"唯一",也有"万有".

观察心形项链,留下了爱.

观察地平线,召唤几何学家.

一个时代的几何歌唱什么?

四壁的图案,代表什么?

图纸的命运落入尘埃,

骑马者路过,寻找一个椭圆.

绘图的情侣构成敌人，
敌人之间有数据的偏差，
测量彼此的人性、兽性、几何性．

若用几何形去表现世界观，
有多少种表现方法能够进入？
动物，植物，人类，一切事物，
像坠落一地的烂苹果，
散发醉人的芳香．
它圆形的死亡与不灭，
可以找到对应的存在．

图形就在宇宙中看见自我，
在自我中选择迷茫或反省，
它们的灵魂会打败几何标识．
千变万化终归为一．
"一"衍生万物，到无限，
"无"与"有"互相渗透，
打破符号的限制．
像远方的信仰，
默默画下图案，一幅黑白画．

命运的身份，会是几何设计师吗？
几何的创造者，会是孤独创造者吗？
上帝在三角形尖端上的椅子，
与正方形大海的关系，
需要论证吗？

　　——鱼与鸟，水与云，

　　几何与几何，孤独与孤独.

《四季数学》

　　数学如春，

　　带着一片浓浓的春意，

　　向我们报告新一年的气息.

　　数学如夏，

　　虽是烈日炎炎，

　　但它代表着我们一颗炽热的心.

　　数学如秋，

　　秋风瑟瑟，

　　犹如我们一贯的认真细致的学习态度.

　　数学如冬

　　虽然是寒冷，

　　但它抵挡不住我们热爱数学的暖流.

　　数学就像一块魔方，

　　每天让我们沉浸在探索的世界中.

　　数学又像一根魔术棒，

　　把它与生活紧密联系在一起.

　　数学是宝藏，

　　一旦我们发现，一辈子也挖掘不完.

让我们一同走进美妙的数学世界,

因为她会给我们带来无穷的乐趣.

《欧拉公式》

心中既有 i, 何故不表白?

梦里合如 1, 醒时各伤怀;

春去春又来, e 人空等待;

忍看花凋 0, 不是浪漫 π.

《我是一个点》

面对苍茫的宇宙,

显得多么可怜.

没有领地,

比不过一个针尖.

没有热情,

温度不会出现.

昏沉沉,

千百年,

数学天使,

终于唤醒了我,

面前出现了

一片蓝天.

两点,

确定一条直线.

不共线三点,

确定一个平面.

沧海横流,
方显出英雄本色.
无数个点,
汇成美丽的曲线.
点线面,
编织水火光电.
点线面的精彩,
世界才如此鲜艳.

我困惑,
因为我没有看清田园.
我孤独,
因为我没有融入春天.
我沮丧,
因为我眼光短浅.
我悲伤,
因为我自缚作茧.

今天,
睁开了双眼,
可以向全世界
发布宣言:
从东海的碧波万顷,
到喜马拉雅山的山巅;
从科罗拉多大峡谷,
到陶渊明笔下的世外桃源;
大千世界,

哪里能离开我这一个点；

宇宙洪荒，

聚集的都是一个一个的点.

啊，

哪里有文明，

那里就我的出现.

哪里有歌声，

那里就有我的芳颜.

5.3.3　数学名词

《圆周率》·沈致远

一个简单的比率，

竟引起古往今来这么多关注.

周3 径1,3.14,3.1416,……

最新的记录已算到几千亿位，

最快的电脑也算不到尽头.

像一篇读不完的长诗，

既不循环也不枯竭，

无穷无尽永葆常新，

数学家称之为无理数.

诗人赞之为有情人，

道是无理却有情.

天长地久有时尽，

此率绵绵无绝期.

《极限》

离开了初等数学的地平线，

用它那无穷的魅力,

叩开了微积分的大门,

通向了世界屋脊.

《导数》

在光滑的轨迹上,

运动的万物,

一旦挣脱了轨迹的束缚,

便沿着上帝指引的路线,

在切线的方向运动.

该诗巧妙地表达了导数的几何意义与物体的运动规律之间的内在联系. 句中的光滑,淋漓尽致地昭示了曲线可导的数学含义.

《积分》

天际中画出一道彩虹,

有人便从天堂走来,

我,乘积而去,

哦,是上帝用它积分的手,

采来微小,

捏成宇宙.

该诗精妙地运用了彩虹这座桥梁来形容莱布尼茨公式,把微分和积分巧妙结合在一起,构成了完美、和谐和统一的有机体.

《不等式》

社会这个领域,

与数学范畴的差异,在于

这里所有的方程

都是不等式.

《函数》

　　一个变量,

　　会成为另一个变量的函数.

　　是因为它始终处在

　　这个变量的

　　磁场之内.

《方程》

　　冥冥中,有一个你,与我对应.

　　为了你,我踏破铁鞋,

　　衣带渐宽.

　　直到生命步入冬天,

　　你才告诉我,

　　"别找了,自身的矛盾,注定你一生无解!"

5.3.4　数学符号

+(加)

　　脊梁,是

　　生活的弓背,

　　伴着阳光拉开岁月的弦.

−(减)

　　一起节流吧,我们的

　　坟墓,就在干渴的河床之上.

×(乘)

　　我只是改变了一个视角,

　　不曾想,

有一个意外的效果.

÷(除)

多么淘气

又傻傻的俩小子,

让天秤永远飘着母亲的爱.

=(等于)

两条横杠,一座桥梁,

左侧不多,右侧不少.

就像天平的两端,

始终保持着平衡.

数学家离不开它,

因为它无处不在!

你窄窄的巷子,

是神秘的时光隧道.

隐敷于其间的一条光缆,

把史前的平平仄仄,

翻译成白话.

∥(平行)

你是东岸,

我是西岸,

我们之间没有交集.

我们构成了银河,

让人们欣赏无比绚烂的星光.

我们构成了鹊桥,

牛郎织女在此七夕相会.

5.3.5　数学运算

《加法》

　　海纳百川不拘细流，

　　你靠着这样，

　　一点一点地积累，

　　终于汇集成

　　万顷波涛．

《减法》

　　你嗜赌如命，

　　逢赌必输，

　　任有万贯家财，

　　也经不起你

　　这样折腾．

《乘法》

　　你其实是

　　加法在特定条件下的

　　一种快捷方式．

　　面对大宗的银子进账，

　　你千万不要贪得无厌．

《除法》

　　把加法和乘法

　　辛辛苦苦积攒的家业，

　　大把地挥霍．

　　纨绔子弟不懂创业的艰难，

崽卖爷田不心疼.

5.3.6　数字

《零赞》·沈致远

　　你自己一无所有,

　　却成十倍地赐予别人.

　　难怪你这样美,

　　像中秋夜的一轮明月.

《我是0》·田地

　　我是圈圈,

　　我是点点.

　　我是空虚,

　　我是饱满.

　　我是静止,

　　我是发展.

　　我是衰迈,

　　我是华年.

　　我是可摸的平面,

　　我是无底的深渊.

　　我可以有减无,

　　我可以有增无减.

　　我有时小得无可捉摸,

　　我有时大得难以计算.

　　我是忧虑,

　　我是喜欢.

　　我能成为锁链,

我能变成花环.

我是完整的自己,

我是我的对立面.

《根号 2 的自白》

毕达哥拉斯声名高贵,

只承认整数分数的地位,

用不着和权势者争辩,

戴着无理的帽子也全不理会.

实数没有我就不完备,

我自代表着优秀的一类.

默默地填补着有理数间的空白,

让事实宣布高贵者的愚昧!

5.3.7　几何图形

《三角形》

在数学的概念中,

你属于几何不变体系.

然而现实的世界里,

你却是一个多变的函数.

谁也无法定义你的走向!

稳定是为求发展,

但在爱情的词典里,

常常很不光彩.

钝角的,锐角的,直角的,

等腰的,等边的,全等的,相似的,
你的世界如此多彩!

不要惧怕第三者,
只有在相互掣肘中,
你们才能保持稳定!

《正方形》

或许是因为你太过方正,
所以,始终无法
在相同的周长中,
获得最大的面积.

《直线》

走过你的,已经成为历史;
正在走的,正在成为历史;
将要走的,将要成为历史.

我们看前人,落花流水;
后人看我们,过眼云烟.

从生到死,两点确定一条直线.
再伟大的生灵,
也不过是,这条线上的一个点!

其实,
就是时间的
一张留影!

因为不会拐弯,
致使许多机遇
都从你身边溜掉了,
走到最后依然是
光棍一条!

《圆》

就像月亮,围着地球,
就像地球,围着太阳.

我爱
你的半径,
决定我的空间.
我不能脱离轨道,
否则,天地沦陷.

你把自己包裹得
严严实实,
不外露半点棱角,
令所有想破译你的人,
都无从下手.

我用一生,为你奉献,
而你却说,我们只是朋友,
原来,不管我怎么做,
我和你的距离,还只是半径.

《椭圆》

很明显，

你是一个在外力作用下

变形的圆.

在长轴与短轴的差值里，

挤出苦恼人的笑.

《双曲线》

背对着背，你是我的影子么？

虽然，我们从未谋面，

而你，却是最懂我的一根弦.

若不——

为何

我的每一寸心思，

都能在你的身上，找到相应的点？

渐行渐近，

又渐行渐远，

因为谁都没有越过，

那条轴线的天河，

所以终生无缘.

《异面直线》

你和我是空间中的一对异面直线，

我向两方苦苦伸展，

直到无限都找不到和你共处的平面.

你说你要守住距离的美感，

我便失去了和你在一起的交点.

哪怕我和你平行,

永不相见,我都愿意.

你却违背了当初的诺言,

我只有将永远的祝福化作一条公垂线,

维系我们之间的距离最短.

这首诗从数学角度说,包含了异面直线的所有基本量,对异面直线的理解很有帮助.从文学角度讲,描写对自己喜欢的人的苦苦追求和相思之情,可是因为种种原因,最终不能走到一起,只能将思念化作一种祝福,堪称经典之作.

5.3.8 关于无穷大的诗篇

《天真的预言》

威廉·布莱克《天真的预言》篇首的几行小诗:

一颗沙粒见世界,

一朵野花见天国;

手掌能容纳无穷大,

一小时能容纳永恒.

英国浪漫主义诗人威廉·布莱克在中国的诗名,很大程度上受惠于他的那首长诗《天真的预言》篇首的那几行小诗.一首在欧美不为人知的小诗,却能在中国广为流传,几乎完全仰赖翻译之功,从而成就了一段译作打败原作的佳话.

布莱克的诗,包含了对永恒的认知过程——"一颗沙里看出一个世界""掌中握永恒"!这与禅宗"刹那即永恒"的禅机,不禁暗合!能有这样双语巧合的机缘,实在难得.中国人对这首小诗的钟爱,原因盖出于此吧.这首诗就像一朵圣洁绽放的白莲,将整个世界小心翼翼地托起,安放于诗人柔软的手心,也触动了读者灵魂深处最缱绻的情愫.

《无限》

作者:贾钦托·莱奥帕尔迪　译者:钱鸿嘉

　　　　这孤独的小山啊,

　　　　对我老是那么亲切,

　　　　而篱笆挡住我的视野,

　　　　使我不能望到最远的地平线.

　　　　我静坐眺望,仿佛置身于无限的空间,

　　　　周围是一片超乎尘世的岑寂,

　　　　以及无比深幽的安谧.

　　　　在我静坐的片刻,

　　　　我无所惊惧,心如死水,

　　　　当我听到树木间风声飒飒,

　　　　我就拿这声音同无限的寂静相比,

　　　　那时我记起永恒和死去的季节,

　　　　还有眼前活生生的时令,

　　　　以及它的声息.

　　　　就这样,我的思想

　　　　沉浸在无限韵空间里,

　　　　在这个大海中遭灭顶之灾,

　　　　我也感到十分甜蜜.

　　作者写下了田园诗《无限》,抒发对宇宙无限与永恒的深思,描绘自己与自然冥合的超然意境.数学家需要对无穷大的认识,而艺术家更需要有无穷的想象.

　　席勒咏无穷大的诗

　　　　空间的测量有三种不同,

它的长度绵延无穷,

永无间断;

它的宽度辽阔广远,

没有尽处;

它的深度下降至不可知的领域.

5.3.9 数学哲理

《数学与哲学》

你们是我的两只眼睛:

一个在左,一个在右.

如果没有了数学,

我将无法看到哲学的深度.

如果没有了哲学,

我将无法寻到数学的边界.

而若两者都没有了,

我将如同盲人,

什么也看不清楚.

5.4 多种韵味的数字入诗

5.4.1 关于数字诗

"繁花犹须绿叶配,数字入诗味更长",古代诗词及楹联中的"数字情结",反映了数字在文学乃至一切文章中不可替代的特殊地位,也证明数字非但不是"抽象和枯燥乏味",而是韵致隽永、回味无穷的.如果说文字是珠玑,数字便是条条金线,文字的珠玑经数字的金线串联,字与数"联姻",可谓珠联璧合相得益彰,更使作品文采飞扬、张力倍增,达到"丽句与深采并流,偶意共逸韵俱发"的艺术境界.

据统计,一部《唐诗三百首》,嵌入数字的诗就有一百三十首.其实,何止是唐诗,历代诗歌数字入诗随处可见.如:

"一将功成万骨枯"、"二十四桥明月夜"、"三千宠爱在一身"、"四时可爱唯春日"、"五岳寻仙不辞远"、"六朝如梦鸟空啼"、"七八个星犹在天"、"八千里路云和月"、"九曲黄河万里沙"、"十年辛苦不寻常"、"百年世事不胜悲"、"千呼万唤始出来"、"万里归心对明月"等等.

数字与诗歌这两者结合,便可有佳作产生:

可以是豪放的"黄河入天走东海,万里写入胸怀间";

可以是细腻的"两个黄鹂鸣翠柳,一行白鹭上青天";

可以是沉痛的"遗民泪尽胡尘里,南望王师又一年";

可以是感伤的"六朝如梦鸟空啼";

可以是愤怒的"一朝封奏九重天,夕贬潮阳路八千";

可以是夸张的"孤臣霜发三千丈";

也可以是欢快的"两人对酌山花开,一杯一杯复一杯"……

不过,这些诗中的数字,仅是作"镶嵌"之用,真正的数字诗,必须是以数字为主体,至少要有四分之三的句子嵌入数字才算"达标".

清人王士禛作过一首《题秋江独钓图》,是有名的数字诗:

一蓑一笠一扁舟,一丈丝纶一寸钩;

一曲高歌一樽酒,一人独钓一江秋.

这首诗连用九个"一",把渔人一边歌唱、一边喝酒、一边钓鱼的潇洒之态刻画得活灵活现,如在眼前.

掀开中华文学宝库,大凡华彩乐章总是与数字有着千丝万缕

的联系:

从"四时更变化,岁暮一何速"、"星临万户动,月傍九霄多",

到"爆竹一声除旧,桃符万户更新"、"岭树重遮千里目,江流曲似九回肠";

从"八方各异气,千里殊风雨"、"千山鸟飞绝,万径人踪灭",

到"有时三点两点雨,到处十枝五枝花"、"八月秋高风怒号,卷我屋上三重茅";

再到"水通南国三千里,气压江城十四洲"、"新松恨不高千尺,恶竹应须斩万根"……

数字像一颗颗美不胜收的音符,既使诗句别具韵味倍显意境,又大大强化了其内涵与主题思想.

杜甫那首著名的《绝句》:

两个黄鹂鸣翠柳,一行白鹭上青天.

窗含西岭千秋雪,门泊东吴万里船.

这里的"两个""一行""千秋""万里",时而微观时而宏观、时而细腻时而豪迈,数字之媚由此可见!

再读李白的

"两岸猿声啼不住,轻舟已过万重山."

"飞流直下三千尺,疑是银河落九天."

等传世佳句,正是这"三千尺""万重山"等数字平添了李白的浪漫主义色彩与气势.再看其他名家笔下:

"春色满园关不住,一枝红杏出墙来."

"故人西辞黄鹤楼,烟花三月下扬州."

"一夜梦游千里月,五更霜落万家钟."

"三十功名尘与土,八千里路云和月."

"些小吾曹州县吏,一枝一叶总关情."

"南朝四百八十寺,多少楼台烟雨中."……

试想,这些经典名句中若是没有了其中的数字,其撩人的魅力与神韵还从何谈起呢!

5.4.2　诗词中的数字功能

数字入诗,能传神、达意,常常是别显意趣,其神奇作用,让人叹为观止,拍案叫绝.诗人的笔就仿佛是童话中一根可以使沙漠涌出绿洲的魔杖,那经过精心选择提炼的数字,在他们的驱遣之下产生丰富隽永的诗情美.下面让我们来细数一下数字的各种功能:

(1) 数字的神韵功能

就是把所要描绘事物的主旨、特征、美感用数字更传神地揭示出来,这些诗词中的数词,能创造出优美的意境.

如杜甫《绝句》:

　　两个黄鹂鸣翠柳,一行白鹭上青天.

　　窗含西岭千秋雪,门泊东吴万里船.

诗中的"两个""一行";"千秋雪""万里船"这几个数字一运用,不仅使对仗十分工整,而且也加浓了草堂周围的绚丽色彩,给我们描绘了一幅意境深邃的画面.画面很美,立体感很强,使整个诗篇的节奏更加明快,意境也更加深远.

而李白的《早发白帝城》:

　　朝辞白帝彩云间,千里江陵一日还.

　　两岸猿声啼不住,轻舟已过万重山.

一个又一个有虚有实的数字造就了流畅飞动的语言气势."千里"与"一日"的具体的时空对照,也就是"千""一"的悬殊中透出时空虚实:千里江陵乃空间占据,一日是时间上的流程.这激发了想象中的航行情景,构勒出小舟的轻快.再加上或大或小或虚或实的数字纵情自如地介入,使诗的画面动态感、美感、快感喷薄而出.快船快意,使人心神向往.同时也映照出诗人遇大赦之后畅快愉悦

的心情.

唐代诗人齐已《早梅》一诗有一句原为

前村深雪里,昨夜数枝开.

大诗人郑谷把"数"字改为"一"字,一字之改,意境却完全不同,"一"字比原来的"数"字更能突出诗歌的主旨.真是"一"字曲尽其妙,意味深长.

(2)数字的夸张功能

古诗中的数字往往并非实指,而是诗人运用丰富的想象,巧妙的夸张的工具,虽言过其实,但恰到好处,具有形象别致的夸张美.

如李白的《望庐山瀑布》:

飞流直下三千尺,疑是银河落九天.

"三千尺"肯定非实指,而通过它,我们领略到了庐山山势险峻,高大雄伟,瀑布水流飞驰,一泻千里的壮观场面,也体会到李白诗歌积极浪漫主义的情怀.

又如陆游《秋夜将晓,出篱门迎凉有感》:

三万里河东入海,五千仞岳上摩天.

"三万"和"五千"并非实指."三万"极力描写黄河之长,是横的夸张;"五千"极言华山之高,是纵的夸张.两组数字写出了祖国河山的雄伟壮丽.

再如王维的《老将行》:

一身转战三千里,一剑曾当百万师.

张元的《雪》:

战退玉龙三百万,败鳞残甲满天飞.

李商隐的《瑶池》:

八骏日行三万里,穆王何事不重来

等等,诗人频频借用数字来夸张,给人以磅礴的气势,营造出一种雄壮的氛围.

(3) 数字的模糊功能

一些数字引进诗句,赋予了诗一种朦胧的意境美.数字的模糊导致诗意表现上产生一种若隐若现欲露不露的感觉.

宋朝理学家邵雍(康节)的《蒙学诗》

一去二三里,烟村四五家,

亭台六七座,八九十枝花.

这首诗把十个数字嵌入诗中,可以说是开了"十字诗"的先河.现在小孩子学习从一到十,还经常背这首诗歌.这首二十字的小诗,数字占了一半.作者选择烟村、亭台和花枝等事物,用一至十的自然数加以修饰、形容,利用数字连用后产生模糊概念这一特性,便勾勒出一幅美妙的风景画,会被那袅袅炊烟绕山村,艳艳山花映楼台的山村美景所吸引.

又如陶渊明《归园田居》之一:

方宅十余亩,草屋八九间.

陶渊明笔下的"八九"间农舍的田园景致,不但把自己隐遁人世回归自然的心情渗透到读者的内心,而且"八九"约数,似信手拈来,洒脱自然,同时也给读者悠然之感,好像没有人介意陶渊明到底有几间房子,正与洒脱豁达胸襟的陶渊明同化了,做到诗的内容与形式、读者与诗人的和谐统一.

再如唐朝杜牧的《江南春绝句》中有一句

南朝四百八十寺,多少楼台烟雨中.

其中的"四百八十"自然是虚数,作者不可能亲自去数到底有多少座寺庙,但是,这"四百八十"却充分地表达了南朝崇尚佛教、广建庙宇、劳民伤财的主题,也表达了作者对此的不满.表达了诗人的忧国忧民之情,流露出对时事的忧伤.这自然是"一寺""二寺"所无法表达的,即使是实数,表达的效果也不如虚数.

以模糊的约数描述情景,带来的是对那种难以言传的"模糊"感受,再凭借读者联想、理解、领悟等思维活动,最终,在读者内心深处产生的却是更深刻更明晰的感受.

(4)数字的对仗功能

运用数字可使诗歌对仗工整,更富有韵味之美.

如柳宗元的《江雪》:

　　千山鸟飞绝,万径人踪灭.

"千山"与"万径"相对,读来朗朗上口,节律优美.

又如杜甫的《绝句》:

　　两个黄鹂鸣翠柳,一行白鹭上青天.

诗中"两"与"一"相对,显示了诗的整齐美.

而岳武穆的

　　三十功名尘与土,八千里路云和月.

与陆放翁的

　　三万里河东入海,五千仞岳上摩天.

同样是壮怀激烈! 数字在律诗中能使对仗更加工稳,音节更为铿锵.

(5)数字的警句功能

诗词中常用一些数字构成含义深刻、富含哲理、发人深省的警句.

如唐代贺知章《咏柳》:

　　碧玉妆成一树高,万条垂下绿丝绦.

　　不知细叶谁裁出,二月春风似剪刀.

碧玉妆成的"一树"柳,绿丝垂绦的"万条"枝,看似写了柳树的先知春,色美形也美,实际上借景传意,蕴涵着人类生命的觉醒力. 此外,如"但愿人长久,千里共婵娟"等,都已成了发人深省的警句.

（6）数字的比喻功能

数字入诗常表示比喻，使景物更加生动形象．

如李白的《赠汪伦》一诗：

　　桃花潭水深千尺，不及汪伦送我情．

诗中以千尺之水的深来比喻诗人与汪伦之间的情深，并用"不及"一词巧妙连接，成为不同程度的比喻．喻中有比，情比水深．感情本是抽象无形的，拿它与千尺潭水作比，就显得具体可感了．写出了诗人与朋友间的深情厚谊．简单的一个数字，就能使作者主观的情思和作品所表现的生活具体化、生动化、纵深化与美学化，足见数字的无穷美学魅力．

数字入诗能将客观的"事"与诗人主观的"情"有机地结合，从而去激发读者的感官经验，使之一下子融入了诗人创设的氛围，激起情感层次上的共鸣．由此可见，数字入诗，是我国古代诗人用词的一大特色．单调平淡、枯燥乏味的数字，经诗人巧妙地运用到诗句中，却能使诗句文辞生辉，诗味浓醇．

5.4.3　古诗词中的加、减、乘、除

加、减、乘、除是基本的数学运算，若能在古诗词中恰如其分地应用，则情趣顿生，给人以美不胜收之感．

加法

文嘉的《明日歌》：

　　明日复明日，明日何其多，

　　日日待明日，万事成蹉跎．

日日相加，无穷无尽，但人生短暂，什么事都留待明日，则什么事都做不成，此乃典型的加法．

减法

徐凝的《忆扬州》词：

天下三分明月夜,二分无赖是扬州.

三分月景扬州就占了二分,巧妙地运用了减法运算,将扬州的月景描绘得淋漓尽致.

乘法

《古诗十九首》中的

三五明月满,四五蟾兔缺.

"三五"是指阴历十五,月亮此时圆满了;"四五"则指阴历二十,蟾兔即月亮的代称,此时又亏缺了,给人以形象美感,让人闭上眼睛也可鉴赏到月亮的景色.

除法

除法往往可以用分数表示,苏东坡的《水龙吟》词:

春色三分,二分尘土,一分流水,细看来,不是杨花,

点点是离人泪.

"春色"指杨花,其遭遇凄惨,三分之二落入尘土受践踏,三分之一漂流水面受戏弄.诗人借景抒情,颇感人心.

5.4.4　半字诗

我国文学史上,有不少"半字诗",读来妙趣横生,回味无穷.

《七绝·暮江吟》

白居易的七绝《暮江吟》是一首写景佳作:

一道残阳铺水中,半江瑟瑟半江红.

可怜九月初三夜,露似珍珠月似弓.

前两句写日落山前的江上景色:斜阳照水,波光闪动,半江碧绿,半江红色,活像一幅油画.后两句写九月初三夜晚:新月初上,其弯如弓,露珠晶莹,如颗颗珍珠,薄暮时分风光,如一幅精描细绘的工笔画.这首诗语言清丽流畅,格调清新,绘影绘色,细致真切.

《空蒙迷离烟雨春景图》

明代诗人梅鼎祚写过一首句句不离"半"字的题画诗:

> 半水半烟箸柳,半风半雨催花,
>
> 半没半浮渔艇,半藏半见人家.

其短短 24 个字,"半"字就用了 8 个,极其鲜明地描画了一幅空蒙迷离的烟雨春景图,的确见诗如见画.全诗句句不离"半"字,读来朗朗上口,韵味深长.

《半半诗》

湖南长沙岳麓山有一半山亭,为半云庵旧址.相传庵内有一烧火僧,曾作《半半诗》:

> 山半山庵号半云,半庙半地半崎嵌.
>
> 半山茅草半山石,半壁青天半壁阴.
>
> 半酒半诗堪避俗,半仙半佛如修心.
>
> 半间房舍云半分,半听松声半听琴.

5.4.5　一字诗

最常见入诗的数字是"一","一"虽说是个数字概念,其实,把"一"字恰当地运用到诗文中,会产生美的艺术效果."一"这个笔画最为简单、看似平淡无奇的汉字,在我国古代的一些诗歌中,却有着独特的艺术魅力.

《古谣》

如唐代诗人王建的《古谣》:

> 一东一西陇头水,一聚一散天边路.
>
> 一来一去道上客,一颠一倒池中树.

四个反义词加上八个"一"字,来说明从西到东的流水,分分合合的道路,来来去去的行人,一正一反的倒影,既形象生动,又充满

哲理,给我们勾勒出一幅动静结合、有景有人的风景画,并且丝毫不给人重复单调之感.

《春江钓叟图》

五代南唐后主李煜在位时,曾为宫廷画家卫贤所作《春江钓叟图》题词二首:

　　浪花有意千重雪,桃李无言一队春;一壶酒,一竿身,世上如侬有几人.

　　一棹春风一叶舟,一纶茧缕一轻钩;花满渚,酒满瓯,万顷波中得自由.

把一个个洒脱的渔翁形象刻画得栩栩如生.

清代著名画家郑板桥不但善画兰、竹,也善作诗,他曾在一幅画上题了:

　　一竹一兰一石,有节有香有骨.

这三个“一”字在诗句中用得恰当妥帖,使画家清高品格在寄寓于物的同时又跃然纸上.

纪晓岚陪乾隆皇帝一次下江南时,过江之时,适值仲秋.乾隆乘御舟,凌烟波,纵目远眺,但见碧空如洗,烟波浩渺.一江秋色之中,忽见一渔舟荡桨而来.乾隆诗兴大发,便乘兴召随行的才子大臣纪晓岚前来,说道:“卿看那碧波之上,一渔舟荡桨而来,此情此景,不可无诗.卿能以十个‘一’字入诗,口占一绝吗?”纪昀道:“蒙圣上恩准,臣放肆了.”说完,远眺大江,于片刻间吟出一首七绝:

　　一篙一橹一渔舟,一个渔翁一钓钩,

　　一拍一呼还一笑,一人独占一江秋.

这首诗在短短 28 个字中,连用 10 个“一”字,把景物特色和人物动作描绘得无比形象生动,的确称得上是构思巧妙、情趣独具.

《一字诗》

清代女诗人何佩玉也有一首“一字诗”佳作:

一花一柳一鱼矶,一抹夕阳一鸟飞.

一山一水中一寺,一林黄叶一僧归.

女诗人笔下的景色仅有一株老柳,一丛花卉,伴着孤独的鱼矶,傍晚时分,鸟儿在夕阳余晖中飞回巢去了,剩下的只是那江水之滨的一片尽染金黄叶子的迷人层林.在那萧瑟的景色中,还有一个身披袈裟的僧人,慢悠悠地攀着石阶向山中古寺走去.诗中展现的画面突出一个静字.诗人把那秋色的傍晚,画得那么宁静美好,令人浮想联翩.

《禁止馈送檄文》

清代张伯行,是康熙称其为"操守为天下第一"的清官,写了一篇《禁止馈送檄文》:

一丝一粒,我之名节;一厘一毫,民之脂膏.

宽一分,民受赐不止一分;取一文,我为人不值一文.

一连串的 8 个"一"字,阐明他的廉政自律观.值得今之为官者自律效仿.

《天童山中月夜独坐》

清人易顺鼎在《天童山中月夜独坐》中前后相连的四句诗的相同位置都用了"一"字:

青山无一尘,青天无一云;

天上唯一月,山中唯一人.

"一"虽说是个数字概念,但当我们把"一"字恰当地运用到诗文中,便会产生美的艺术效果.

5.4.6　按序排列的序数诗

序数诗也称数名诗,是将数字顺序排列或逆序排列而组成的诗.现存的数名诗以南朝文学家鲍照的为最早,出身寒微的鲍照,对魏晋以来的门阀制度深恶痛绝,豪门子弟轻易得官受宠,平步青云声势显赫;寒门子弟十年苦读,却仕进无门.诗中通过对贵族官宦生活的描写,揭露了门阀制度下极不合理的社会现象.

《数名诗》·鲍照

一身事关西,家族满山东.

二年从车贺,斋祭甘泉宫.

三朝国庆毕,休沐还旧邦.

四牡曜长路,轻盖飞若鸿.

五侯相饯送,高会集新丰.

六乐陈广座,祖帐揭春风.

七盘起长袖,庭下列歌钟.

八珍盈雕俎,绮肴纷错重.

九族共瞻迟,宾友仰徽容.

十载学无就,善宦一朝通.

《数名诗》·唐朝宰相权德舆

一区扬雄宅,恬然无所欲.

二顷季子田,岁晏常自足.

三端固为累,事物反徽束.

四体苟不勤,安得丰菽粟.

五侯诚晔晔,荣甚或为辱.

六翮未奋翔,虞罗乃相触.

七人称作者,杳杳有遐躅.

八桂挺奇姿,森森照初旭.

九歌伤泽畔,怨思徒刺促.

十翼有格言,幽贞谢浮俗.

《十得》

清朝有一首嘲南方典史的数字诗《十得》,真堪捧腹.诗曰:

一命之荣算得,

两根竹板拖得,

三十俸银领得,

四方地保传得,

五十嘴巴打得,

六年俸满报得,

七品堂翁靠得,

八十养廉借得,

九品补服僭得,

十分高兴不得.

《咏雪诗》·郑板桥

"扬州八怪"之一的清代大画家、大书法家郑板桥所作的一首《咏雪诗》也很富有代表性,为世人所传诵:

一片二片三四片,

五六七八九十片.

千片万片无数片,

飞入梅花看不见.

该诗以高度抽象的数字起头,于最后一句才揭示前诗中的数字所指代的内容,生动地勾勒了一派隆冬雪景,令人拍案叫绝.该诗由近及远,由少到多,把漫天飞舞的大雪惟妙惟肖地展现在读者面前;由远及近,由有到无,让傲雪的红梅迎风扑面,真是美妙绝伦.此诗有很多不同的版本,虽诗的内容有所不同,但都大同小异.此诗用"一到十乃至无数",真切地描绘出雪花飘飞的情景.而末尾一句,画龙点睛,令人神往.

数字律诗存稿较少,且由于格律所限,所嵌入的数字大多不规律,因此数字律诗的成就远不如数字绝句高.下面刊出几首数字七言律诗.

《闺怨》·清女诗人吴学素

百尺楼头花一溪,七香车断五陵西.

六桥遥望三湘水,八载空惊半夜鸡.

风急九秋双燕去,云开四面万山齐.

子规不解愁千丈,十二时中两两啼.

诗中限溪、西、鸡、齐、啼韵,用上了数量词一、二、三、四、五、六、七、八、九、十、百、千、万、两、丈、尺、半、双等十八字.

《闺怨》·黄焕中

品质较高的数字律诗,当推清人黄焕中的《闺怨》:

百尺楼台万丈溪,云书八九寄辽西.

忽闻二月双飞雁,最恨三更一唱鸡.

五六归期空望断,七千离恨竟未齐.

半生四顾孤鸿影,十载悲随杜鹃啼.

诗中巧妙嵌入"一、二、三、四、五、六、七、八、九、十、百、千、万"等数字来表现思妇无奈、悲愁的感情与刻骨的相思,具有高度的艺术美感.

《西游记》中的倒序数诗

在《西游记》的第三十六回有一首数字从大到小的数字诗:

十里长亭无客走,九重天上现星辰;

八河船只皆收巷,七千州县尽关门;

六宫五府回官宰,四海三江罢钓纶;

两座楼头钟鼓响,一轮明月满乾坤.

诗中数字从大到小,把夜色写得静美无比.这首诗其实是反映师徒们愉快的心情,整个诗也透露着一股子洒脱与悠闲.诗中巧妙地把十个数字镶嵌其中,尤其是"六"和"五"一句,"四"和"三"一句,这样,就成了一首完整的七律了.作者心思之巧妙,可见一斑.

卓文君的数字镶嵌诗

相传西汉时,卓文君与司马相如成婚不久,司马相如便辞别娇妻去京城长安求取功名,终于官拜中郎将,时隔五年,不写家书,心有休妻之念.痴情的卓文君朝思暮想,等待着丈夫的"万金家书",殊不知等了五年等到的却是一封只写着"一二三四五六七八九十百千万万千百十九八七六五四三二一"数字家书.

聪颖过人的卓文君当然明白丈夫的意思,家书中数字无"亿",表示丈夫对她"无意"了,只不过没有直说罢了,卓文君既悲且愤又恨,于是立即回写了一首巧将十三个数字依次镶嵌进去的如诉如泣抒情诗:

> 一别之后,
> 两地相思,
> 说是三四月,
> 却谁知五六年.
> 七弦琴无心弹,
> 八行书无可传,
> 九连环从中折断,
> 十里长亭望眼欲穿.
> 百般想,千般念,
> 万般无奈把郎怨.
>
> 万语千言道不尽,
> 百般聊赖十凭栏.

重九登高看孤雁,

八月中秋月圆人不圆,

七月半烧香秉烛问苍天,

六月伏天,人人摇扇我心寒,

五月石榴如火偏遇阵阵冷雨浇花端,

四月枇杷未黄,我欲对镜心意乱.

忽匆匆,三月桃花随流水,

飘零零,二月风筝线儿断.

噫! 郎呀郎,巴不得下一世你为女来我为男!

在卓文君的信里,由一写到万,又由万写到一,写得明白如话,声泪俱下,悲愤之情跃然纸上.司马相如看了诗信,被深深打动了,激起了对妻子的思念,终于用高车驷马亲自回四川把这位才华出众的妻子卓文君接到了长安.他一心作学问,终于成了一代文豪.

5.4.7 唐诗中的数字

欣赏唐诗,发现有许多含有数字的句子,这些简单的数字经诗人的妙笔点化,却能创造出各种美妙的艺术境界,表达出无穷的妙趣.唐代诗人偏爱数字,许多杰出的诗人如李白、杜甫、刘禹锡、孟郊、柳宗元、张祜、李贺、许浑、杜牧、李商隐等无不是活用数词的高手.

(1)唐诗中巧用数字的"黄金分割"美

《唐诗三百首》(人民文学出版社,1982 年版)中有数字出现的诗篇就有 77 篇之多,占总数的 26%.出现数字的诗句共有 81 句,其中出现数字 184 个,数字用于对仗诗句中的高达 54 个,占总句数81 句的 2/3.

另外,我们还发现一些奇妙的规律.在十以内的数字中,出现频率明显较高的是:一、二、三、五、九,这不禁让我们联想到"黄金分割"的一种形式——斐波那契数列(即 1,1,2,3,5,8,13,…,且从第三项起每项均为前两项之和). 体现了黄金分割之美. 在一、二、三、五、九中,除"九"外全部符合斐波那契数,而其在 10 以内数中出现比例更高达 82%. 很显然,这不仅仅是一个巧合.

为进一步证明诗中选择的数字与斐波那契数列的密切关系,我们又发现了对仗诗句中的数字也很有规律. 那就是斐波那契数常和其相邻的斐波那契数形成对仗. 我们拿一、二、三、五为例. 例如:

　　　　吏呼一何怒,妇啼一何苦. (杜甫《石壕吏》)

　　　　两个黄鹂鸣翠柳,一行白鹭上青天. (杜甫《绝句》)

　　　　三顾频烦天下计,两朝开济老臣心. (杜甫《蜀相》)

　　　　城阙辅三秦,风烟望五津. (王勃《送杜少府之任蜀州》)

可以看出,在对仗句中斐波那契数与其相邻的斐波那契数形成对仗的比例高达 40%,这显然不是一种偶然,而是诗人们不自觉地运用了黄金比例的美感.

(2)唐诗数字中的"四则运算"

呆板的数字,经唐代诗人在诗中巧妙、灵活的运用,竟可体现出加、减、乘、除.

加法

李白的《月下独酌》:

　　　　举杯邀明月,对影成三人.

这是含蓄的暗加法,"诗人"加"影子"加"月亮",汇总合成三个人.

减法

杜甫的《石壕吏》:

　　　　听妇前致词:三男邺城戍,

169

一男附书至,二男新战死.

三个儿子只有一个有书信来,剩下两个儿子全都战死了.此诗用准确数字,采取拆减方法啼诉,声声血泪,字字悲苦.

乘法

白居易的《戊申岁末咏怀》:

穷冬月末两三日,半百年过六七时.

"半百"是指五十岁,"六七时"是指六乘七的积,说明诗人写此诗时是四十二岁.

除法

白居易的《曲江早秋》:

我年三十六,冉冉昏复旦.

人寿七十稀,七十新过半.

三十六刚好超过七十的一半,即三十五,这里用除法说明人生过半,时不我待.

诗中用数作为一种修辞手法,求出和、差、积、商,增添了诗歌的趣味性.有时若一味地据实推算,便失去了诗味!

5.4.8 数字宋词

(1)含有数字的宋词名句

李清照的《一剪梅》:花自飘零水自流,一种相思,两处闲愁.

柳永的《望海潮》:重湖叠巘清嘉,有三秋桂子,十里荷花.

柳永的《望海潮》:烟柳画桥,风帘翠幕,参差十万人家.

苏轼的《水调歌头》:但愿人长久,千里共婵娟.

张先的《千秋岁》:心似双丝网,中有千千结.

欧阳修的《踏莎行》:寸寸柔肠,盈盈粉泪.

(2) 宋词中以数字开头的句子

晏几道的《阮郎归》:一春犹有数行书,秋来书更疏.

周紫芝的《踏莎行》:一溪烟柳万丝垂,无因系得兰舟住.

王沂孙的《齐天乐》:一襟余恨宫魂断,年年翠阴庭树.

姜夔的《扬州慢》:二十四桥仍在,波心荡、冷月无声.

陈与义的《临江仙》:二十余年如一梦,此身虽在堪惊.

李清照的《声声慢》:三杯两盏淡酒,怎敌他、晚来风急.

辛弃疾的《西江月》:七八个星天外,两三点雨山前.

李清照的《渔家傲》:九万里风鹏正举,风休住,蓬舟吹取三山去.

吴文英的《夜合花》:十年一梦凄凉,似西湖燕去,吴馆巢荒.

苏轼的《江城子》:十年生死两茫茫,不思量,自难忘.

姜夔的《琵琶仙》:十里扬州,三生杜牧,前事休说.

黄庭坚的《清平乐》:百啭无人能解,因风飞过蔷薇.

姜夔的《琵琶仙》:千万缕、藏鸦细柳,为玉尊、起舞回雪.

辛弃疾的《永遇乐》:千古江山,英雄无觅,孙仲谋处.

苏轼的《江城子》:千里孤坟,无处话凄凉.

王安石的《桂枝香》:千里澄江似练,翠峰如簇.

辛弃疾的《摸鱼儿》:千金纵买相如赋,脉脉此情谁诉?

叶梦得的《贺新郎》:万里云帆何时到? 送孤鸿、目断千山阻.

5.4.9　元曲中数字的魅力

元曲的特点是辛辣、热烈,典故较少,通俗易懂,往往还插入不少数字.其中嵌进去的数字就像明珠、宝石一样,把通篇的意思都"激活"了.有些小曲正因数字的巧妙运用而形成其鲜明的艺术特色,得以广泛流传,成为千古绝唱.

(1)带一字的元曲

无名氏的《雁儿落·带过·得胜令》：

一年老一年，一日没一日，一秋又一秋，一辈催一辈，一聚一离别，一喜一伤悲，一榻一生卧，一生一梦里. 寻一伙相识，他一会咱一会；都一般相知，吹一回，唱一回.

此曲每一句都用两个"一"字，层层递进，以排山倒海之势叹华年易逝，光阴催老，聚散无常. 通篇 62 个字，而数字"一"竟有 22 个，堪称空前绝后了.

(2)按序排列的序数元曲

无名氏的《中吕·红绣鞋》也别具特色：

一两句别人闲话，三四日不把门踏，五六日不来啊在谁家？七八遍买龟儿卦. 久已后见他么？十分的憔悴煞.

这支小曲巧妙地运用一、二、三、四、五、六、七、八、九(久)、十等数目字，由小到大，按升序排列，将少女因恋人怕人闲话不敢登门的相思之苦描绘得生动、深刻.

(3)元曲中的四则运算

有些元曲中，将数字巧妙运用，竟能在曲中将加、减、乘、除之意能表现出来，真是无所不能. 可以看出：曲因数字而生趣，数字因曲而生动.

加法入曲

汤式的《双调·庆东原·京口夜泊》，全曲如下：

故园一千里，孤帆数日程. 倚篷窗自叹漂泊命. 城头鼓声，江心浪声，山顶钟声，一夜梦难成，三处愁相并.

曲中除运用一千里、孤帆、一夜、三处等数目字外，加法分析运用巧妙：城头＋江心＋山顶＝三处，渲染出作者处处忧愁的孤旅及悲寂的游子情怀.

减法入曲

卢挚的《双调·蟾宫曲》

　　想人生七十犹稀,百岁光阴,先过了三十,七十年间,十岁顽童,十载尪羸.五十岁除分昼黑,刚分得一半儿白日,风雨相催,兔去乌飞.仔细沉吟,都不如快活了便宜.

曲中巧妙地运用了减法.人生百年,就常人而言,先减去无法过的后三十年,只能按七十岁来计算.七十岁,减去十岁顽童,再减去十年,等于五十年.而五十年的一半是白天,一半是黑夜.

乘法入曲

无名氏《水仙子·遣怀》:

　　百年三万六千场,风雨忧愁一半妨.眼儿里觑,心儿上想,教我鬓边丝怎地当,把流年仔细推详.一日一个浅酌低唱,一夜一个花烛洞房,能有得多少时光.

一年三百六十日,百年三万六千场.乘法运用不着痕迹,非常巧妙.

除法入曲

阿鲁威的《双调·蟾宫曲》:

　　问人世谁是英雄?有酾酒临江,横塑曹公.紫盖黄旗,多应借得赤壁东风.更惊起南阳卧龙便成名八阵图中.鼎足三分:一分西蜀,一分江东.

曲中巧妙运用了除法分析法,将天下分为三分:一分西蜀,一分江东,一分北魏.这样的例子还能举出很多,

(4)元曲中的数字意境

徐再思的《水仙子·夜雨》:

　　一声梧叶一声秋,一点芭蕉一点愁,三更归梦三更后.落灯花,棋未收,叹新丰孤馆人留.枕上十年事,江南二老忧,都到心头.

客中夜雨,百感交集,情真意哀,无限相思,作者多用数字,语言清新,抓住雨夜特点,描绘出一幅深秋夜雨图.反复地使用"一""三"两个数字,烘托出凄凉寂寞的气氛,展现了回环曲折、一唱三叹的阅读效果.

5.4.10　暗含数字的"数字诗"

《断肠词谜》

朱淑真号幽栖居士,是宋代女诗人.她出身官宦家庭,从小受到良好教育,工于诗词,擅长丹青,且精通音律.她婚姻不幸,受父母之命、媒妁之言嫁给了一个市井商人为妻.商人重利轻别离,外出经商,久居异乡不归,并另谋新欢.朱淑真苦闷幽怨,郁郁寡欢,长期独守空房,毅然写下一首《断肠词谜》:

> 下楼来,金钱卜落,
>
> 问苍天,人在何方?
>
> 恨王孙,一直去了,
>
> 詈冤家,言去无回,
>
> 悔当初,吾错失口,
>
> 有上交无下交,
>
> 皂白何须问,
>
> 分开不用刀,
>
> 从今莫把仇人靠,
>
> 千种相思一撇消.

十句话,每句隐射一数字,分别为"一到十",化明为暗、变诗为谜,真实地再现了朱淑真长期独守空房,怨恨交错的凄苦之情,诗句情凄意哀,委婉感人.这首词以数字作谜底,可说是别具一格,令人玩味.谜面是这样的:

第一句:"下"失落了"卜"乃是"一";

第二句:"天"没有"人"就成了"二";

第三句:"王"去掉中间的一笔竖直,当然是"三";

第四句:"罒"去除下半"言"字,只剩下"四";

第五句:"吾"失了"口"为"五";

第六句:"交"字没有下面交叉的撇捺就是"六";

第七句:"皂"字上部一"白"扔下不管,无疑是"七";

第八句:"分"字分为上下两半,"刀"抛开不用,遂成为"八";

第九句:"仇"旁的"人"不要,为"九";

最后一句:"千"消去上面一撇,只有"十"字.

全词十句话,句句分道扬镳,悲切与愤懑交织在一起,既抒发了自己怨恨决绝之情,又对薄情寡义的丈夫进行谴责.每句话作为"拆字格"修辞的谜面,谜底正好顺次为"一、二、三、四、五、六、七、八、九、十"这十个数字.朱淑贞一生抑郁不乐,此谜也是文字凄婉,她的文才巧思令人叹服.

《怨妇恨》

一首流传于民间的《怨妇恨》:

> 与子别了,
>
> 天涯人不到.
>
> 盼春归日落行人少,
>
> 欲罢不能罢,
>
> 你叫吾有口难分晓.
>
> 好相交你抛得我有上梢没下梢.
>
> 皂热难分白,
>
> 分手不用刀.
>
> 无人不为仇,

千相思还是撇去了好.

破解:

第一句:"子"去"了"是一;

第二句:"天"去"人"是二;

第三句:"春"无"日"且无"人"便成了三;

第四句:"罢"去了"去"是四;

第五句:"吾"去了"口"是五;

第六句:"交"去了下面部分便成了六;

第七句:"皂"去了"白"是七;

第八句:"分"去了"刀"是八;

第九句:"仇"去了"人字旁"便成了九;

第十句:"千"去了"上面的一撇"便成了十.

当你破解了这首诗谜后,肯定会为这首流传于民间的诗谜奇巧的构思所折服.

5.4.11　现代数字诗

《沪杭车中》·徐志摩

徐志摩用极其简洁的文字再现了匆匆时光的身姿,它以诗所特有的语言将空间竖起,时间化为隧道,让我们感受到了时间的紧张和尖锐.这首诗的诗题就是动态空间:沪杭车中.上海与杭州的距离已被现代交通工具打破了,这现代文明的速度和频率不能不令人惊叹!

匆匆匆! 催催催!

一卷烟,一片山,几点云影,

一道水,一条桥,一支橹声,

一林松,一丛竹,红叶纷纷:

艳色的田野,艳色的秋景,

梦境似的分明,模糊,消隐,——

催催催! 是车轮还是光阴?

催老了秋容,催老了人生!.

庄奴的"半"字妙诗

台湾著名词作家庄奴,一生写了 3000 多首歌词,其中有不少为经典之作. 有记者访问他时,询问其创作的甘苦时,庄奴以一首打油诗作了绝妙的回答:

"半杯苦茶半支烟,半句歌词写半天,

半夜三更两三点,半睡半醒半酝酿."

四句诗嵌入了八个"半"字,可称其为一首难得的"半"字妙诗.

《重逢》·流沙河

现代诗人流沙河有一首《重逢》诗:

一阵敲门一阵风,一声姓名想旧容;

一番迟疑一番懵,一番握手一番疯.

该诗句句用一,反复出现,通串全篇,真实表现了知己朋友久别重逢的场景(在短促的时间里由表情、动作等一连串的活动状态.).

写汶川大地震网上流传的一首序数诗

时间移转到公元 2008 年 5 月,一场让海内外震惊的灾难——"5·12"汶川大地震发生,使华夏儿女陷入巨大的悲痛之中. 在灾难面前人们空前团结,用各种形式支持和支援灾区人民. 这时候在网上出现了一首被网友们称为"最牛的诗",内容如下:

一场地震,生死两难;只道三四险,不知五月难;纵有六双眼,泪也流不完;七颗心儿悬,零八奥运艰;高呼九州十地华人现,纵使百舸千帆风浪间,也让咱行得万年船!

泱泱中华几千年,只是百般无奈斗不过你苍天;十分惨淡,也不知你九重天中住着何神仙,在零八年八月八日还有八十八天时送灾难;但愿七彩祥云现,六月中国保平安,五星红旗永鲜艳;四海升平,三地两岸心连心成一条线!我只想,跪地抬手问苍天,敢应否:下辈子,你做人来我做天!

很明显本诗模仿了卓文君的写法,虽然数字的运用不像卓诗那样行云自然,但写得哀而不伤,悲而不颓,字里行间透露着一股悲愤不屈之气,读了令人荡气回肠.数字的运用可谓功不可没!

5.5 形式多样的数字入联

5.5.1 数字对联漫谈

对联或称"楹联"或"对子",它是中华民族最富特色的一种民俗的文学形式.相传对联始于五代十国,明清两代尤为兴盛.对联要求上下联:一要字数相等,二要词性相对,三要内容相关或相反,四要平仄协调.因而"对对联"成了中国古代文人彰显才华、陶冶情操的途径之一,并由此衍生出了古代中国五花八门的对联文化.历史上流传下来的名联,或巧用镶名,或妙用名字,或化用典故,或借用修辞,信手拈来,妙笔天成.

事实上,在文学百花园中,有很多对联把数字嵌入其中,自然贴切,通俗易懂;有的对联本身就是一道趣味数学题;有的对联借用数字,深化主题,寓意深刻;有的对联用数字高度概括对联所指,形象生动.正因如此,更能让人感到数学的抽象简约美与文学的意境美,从而使美得到升华.

例如:《长安客话》载,元丞相脱脱将赴三河,元主赐宴至深夜,

脱脱说他明天一早就走,偶然得了一句七字联:

　　　半醉半醒过半夜;

元主笑曰,明天也不必走得太早,他也偶得一句七字联:

　　　三更三点到三河.

　　脱脱叩谢,尽欢而罢.联语为流水对.上联重言"半"字,下联重言"三"字,并嵌"三河"之名.

　　又《联语》云,南京燕子矶武庙,至清末仅存一勒马横刀偶象.某人入庙见之得上联曰:

　　　孤山独庙,一将军横刀匹马;

　　此联皆以奇数构成,颇具巧思,但苦思不得下联.后一赶考书生系船于江边时,见两渔翁对钓,遂得下联:

　　　两岸夹河,二渔叟对钓双钩.

　　联语之巧在于用数.上联之数全为一,而用"孤""独""一""横""匹"变言之.下联之数全为二,而用"两""夹""对""双"变言之.对仗工整又富有趣味,还是两幅很有意境的景象,是一副绝妙的对联.

　　著名文学家、诗人郁达夫某年游杭州西湖,至茶亭进餐.面对近水遥山,餐罢得句云:

　　　三竺六桥九溪十八涧;

　　一时未得对句.适逢店主人报账目:

　　　一茶四碟二粉五千文.

　　"三竺":杭州天竺山,有上天竺、中天竺、下天竺三座寺院,合称"三天竺",简称"三竺"."六桥":指苏堤上有六座桥,即映波、锁澜、望山、压堤、东浦和跨虹六桥."九溪",在烟霞岭西南."十八涧",在龙井之西.上联全为杭州山水,下联适逢店主人报账,全为食单账目,两联数字对得尤其工整,很难得.店主人报账,达夫以为是说对句.这是因误会与巧合,而将算账入联的故事.

以数字入联的方式主要有两种:一是数字串联,二是数字双关."数字串联"即将一组连续的数字镶嵌在对联之中,再通过汉字独有的涵义丰富性加以发挥.难度最大的数字对联,可从"一"一口气串联到"十",从而在加强了对联音韵美感的同时,又体现了对联的匠心独运之处.中国的文化史上,便有这样一幅著名的"数字串联".

一次,苏东坡与二友去九江赶考,因遇发大水,耽搁了进考场时间.考官经不住他们的软磨硬泡,便出了一上联刁难:

一叶孤舟,载着二三个骚客,启用四桨五帆,经过六滩七湾,历尽八颠九簸,可叹十分来迟.

苏东坡沉思了片刻,便对出了下联:

十年寒窗,进过九八家书院,抛却七情六欲,苦读五经四书,考了三番两次,今誓一定要进.

苏东坡等这才获得了进考场应试的机会.此事虽为民间人士杜撰之作.但就该对联本身而言,其内容中不同数字恰到好处的应用,增加了对联的观赏价值.

而"数字双关"不要求保留数字连续性,但需要进行数字的加减乘除来揭示其内在的情境或含义.也就是说,作对联者不仅要熟知各种典故,还要有一定的计算能力."数字双关"对联在历史上亦不乏经典作品,如对联:

北斗七星,水底连天十四点;

南楼孤雁,月中带影一双飞.

即通过倍数计算,展现出了一幅情景生动的月夜雁飞图.

以数入联,使原本就难度颇高的对联在形式上更为繁复,其可读性也被相应地增强,体现出了中华民族独特的智慧与审美情趣.

5.5.2　数字对联中的"四则运算"

事实上在对联写作中巧用运算法的很多,且有多种技巧.有用加法、减法、乘法、除法,也有同时兼用混合运算.

加法运算

相传清康熙年间,某年春节将近,康熙命文渊阁大学士李光地写春联百副,以替换宫中原有的旧联.光地正为此事犯愁的时候,其弟光坡恰好来京,表示愿意代作,并提笔写出此联呈与皇上.

李光坡题写的春联是:

地下七十二大贤,贤贤易色;

天上二十八星宿,宿宿皆春.

康熙见后,大为赞赏,连连夸奖"奇才!奇才!"这是一副加法联:七十二加二十八,正好一百,是以一副代百副也,可谓巧于用数."贤"与"贤"、"宿"与"宿"为连珠."贤贤""宿宿"为叠词."七十二大贤",指孔子特别优秀的弟子.

又如:纪昀贺清乾隆帝五十寿庆联:

二万里江山,伊古以来,未闻一朝一统二万里;

五十年圣寿,自今以往,尚有九千九百五十年.

上联复用"二万里",使之自首尾呼应,下联复用"五十年",同样使首尾呼应.下联运用了加法:"五十年"加"九千九百五十年",恰好万年,合万岁万寿之意,妙极.

减法运算

宋朝梁灏,屡试不中,但他并不灰心,仍坚持不懈,继续发奋攻读,终于在八十二岁中了状元,一时高兴,写了副对联:

白首穷经,少伏生八岁;

青云得路,多太公二岁.

181

伏生,又叫伏胜,九十岁成名,太公,即姜尚(子牙),八十岁于渭水边遇文王,被聘为相.其意是我虽比辅佐周文王的姜太公大两岁,但比九十岁成名的伏生还年轻八岁哩.此上联采用的是减法,暗指自己是八十二岁了.

乘法运算

例如,苏小妹巧对佛印联(此联亦说苏轼对佛印):

　　五百罗汉渡江,岸畔波心千佛子;

　　一个佳人对月,人间天上两婵娟.

上下联均用乘法,"五百"之倍是千,"一"之两倍为"两".构思奇特,运算巧步,诙谐有趣,堪称佳作..

除法运算

在苏州金间门外至虎丘,中间有个地方叫"半塘",有一天唐伯虎和祝枝山一道游玩,祝枝山即景引出上联:

　　七里山塘,行到半塘三里半.

后来,他们来到一个叫"九溪洞"的地方时,唐伯虎灵感突发,随口吟道:

　　九溪蛮洞,经过中洞五溪中.

七里一分为二,为三里半,九溪除以二,是四溪半,也就是五溪的中间,巧妙地应用了除法.

混合运算

据说乾隆五十年举行过一次千叟宴,共有 3900 多位老人参加,有一位老寿星年高 141 岁,乾隆看到了非常高兴,就以这位寿星的岁数为题,说出上联,并要纪晓岚对出下联:

乾隆帝的上联是:花甲重开,又加三七岁月.

纪晓岚的下联是:古稀双庆,更多一度春秋.

上、下两联答案都是 141 岁.上联的"花甲"是指 60 岁,"重开"

就是两个 60 岁,"三七"是 21 岁,就是 $60 \times 2 + 7 \times 3 = 141$(岁).下联的"古稀"是指 70 岁,"双庆"就是两个 70 岁,多"一度春秋"就是多 1 岁,也就是 $70 \times 2 + 1 = 141$(岁).

5.5.3　妙趣横生"半"字联

不仅有"半"字诗,还有"半"字联."半"字入联,看似不经意,实则匠心独运.其意蕴含蓄,或状物言志,或即景生情,使联语妙趣横生.

民国时,湖南石门袁少枚在乡自筑一小园,名曰"半闲",并自撰一联,悬于园门:

半市半乡,半读半耕,半士半医,世界本少全才,故名曰半;

闲吟闲咏,闲弹闲唱,闲斟闲酌,人间尽多忙客,而我独闲.

上联点明园子的地理位置,主人的身份职业,交代了取名冠"半"的独特用意;下联借以寄寓个人的秉性涵养和审美情趣.这是一副嵌字联,嵌园名于联首,并连用七个"半"字,七个"闲"字,读之给人启迪.此联机趣恬适,末二句尤为见理名言.

据说宋代佛印和尚与苏东坡在广东某地游玩时,佛印见景生情,吟出一句上联:

半边山,半条路,半溪流水半边涸.

苏东坡冥思苦想,终不能对出下联,就请人刻碑于此,供后人对出下联.后来李调元任广东学政时,见到此碑后,也是触景生情,对出了下联:

一块碑,一行字,一句成联一句虚.

下联对的工整贴切,令人叫绝.

中国的大山名川、亭台楼阁,有不少带有"半"字的楹联,很富

有哲理,并充满幽趣,比如:

　　　　到此处才进一步;愿诸君莫废半途.

　　这是广东肇庆半山亭联,给游人加油鼓劲,进亭歇凉后再攀高峰,怎不豪情徒增呢?

5.5.4　联中含"一",联意生辉

　　下面收集的是一些含有"一"字的励志对联:

　　　　借得梅花十度意,
　　　　嫁给春色一缕情.

　　　　诗书满座风云起,
　　　　老友一堂富贵春.

　　　　风雅千秋韵味,
　　　　情操一品香兰.

　　　　一世勤劳无悔,
　　　　终生正直有为.

　　　　一刻莫闲岁月,
　　　　十分珍重年华.

　　　　万里春风催桃李,
　　　　一腔热血育新人.

　　　　鞠躬尽瘁,一世无憾尤无愧,
　　　　光明磊落,终身不谄也不骄.

5.5.5　含"一到十"的妙联

据说明朝中叶,江西九江有一船夫,见一位连中"三元"的状元坐在他的船里,就道出一个上联给这位状元去对.这位状元冥思苦想,还是对不出.以后也无人对出,成了绝对.时过几百年,直到 1959 年,佛山一工人用轮船装运木料"九里香"(一种名贵香樟木),触发灵感,对出下联.

船夫的上联是:

　　一孤舟,二客商,三四五六水手,扯起七八尺风帆,下九江,还有十里.

工人的下联是:

　　十里运,九里香,八七六五号轮,虽走四三年旧道,只二日,胜似一年.

下面介绍一副谐联,有个贪官为自己写了一副"清正廉明、爱民如子"的对联:

　　一心为民,两袖清风,三思而行,四方太平,五谷丰登,六欲有节,七情有度,八面兼顾,九居德范,十分廉明.

横批:福荫百姓.

老百姓看到了这副对联,也写了一副贴在旁边:

　　十年寒窗,九载熬油,八进科场,七品到手,六亲不认,五官不正,四体不勤,三餐饱食,二话不说,一心捞钱.

横批:苦煞万民.

这么一改,贪官的嘴脸全出来了,真叫人拍案称奇.

5.5.6　贺数学老师婚联

婚联是用于婚嫁礼仪的一种对联,其内容主要是赞颂两人结合的完美、对未来婚姻生活的憧憬,以及对婚姻当事人的美好祝

愿.下面精选一些与数学有关的婚联,供大家欣赏.

四川一座乡村中学,一对数学教师结为夫妇,在元旦结婚之日,工会赠一副贺联云:

世事再纷繁,加减乘除算尽;

宇宙虽广大,点线面体包完.

横批是:喜相逢.上述联语言朴实,浅显易懂,尤其是运用数学名词表达美好祝愿,自然别致.

一对数学教师,几经波折,终于结为秦晋之好,同事撰一联相贺:

爱情如几何曲线,

幸福似小数循环.

横批是:苦尽甘来.

"几何曲线"形象地表述了这对数学教师爱情历经坎坷曲折;"小数循环"是一个无穷无尽的数值,借此祝贺新人的美满幸福,天长地久,实在是神来之笔.

下面是贺两位数学老师结婚的贺联:

恋爱自由无三角;

人生幸福有几何.

横批是:天遂人愿.

数学专业术语结联,读来妙趣横生.其中男教三角课,女教几何学,含义双关又贴切.

某位数学老师恋爱时几经曲折方得成婚.同仁们撰联相贺:

移项,通分,因式分解求零点;

画轴,排序,穿针引线得结果.

一位几何老师和一位物理老师新婚燕尔,调皮的学生书赠一联,更是妙趣横生:

大圆、小圆、同心圆,心心相印;

阴电、阳电、异性电,互相吸引.

横批是:公理定律.显得风趣幽默.

下面是数学老师和语文老师之间的数学婚联:

　　三角式、方程式、函数式,式式推算新人极为般配;

　　议论文、记叙文、说明文,文文歌颂鸳鸯美满姻缘.

下面是数学老师和体育老师之间的数学婚联:

　　指数、函数、正负数,难算情几何;

　　篮球、排球、乒乓球,可量意多深.

5.5.7　各地名胜古迹数字名联精选

名胜古迹对联,妙语神出,令人百看不厌.古今名人来到这些名山大川、古迹胜地,往往因触景生情而兴致大发,欣然而命笔.这些楹联,或镌刻于亭台楼阁,或分贴于寺庙祠堂,以抒发兴致和情怀,那些立意深远的楹联佳作,不但为山水增色,又是游人吊古凭史的场所,既陶冶了人们的情操,又得到了大自然的享受,所以世世代代为人所称道传颂.

福州乌山琵琶亭联:

　　一弹流水一弹月,

　　半入江风半入云.

杭州西湖三潭印月联:

　　明月自来去,绕廓荷花三十里;

　　空潭无古今,拂城杨柳一千株.

武汉黄鹤楼联:

　　对江楼阁参天立 一楼萃三楚精神,云鹤俱空横笛在;

　　全楚山河缩地来 二水汇百川支派,古今无尽大江流.

成都杜甫草堂联:

　　十年幕府悲秦泪 诗史数千言,秋天一鹄先生骨;

一卷唐诗补蜀风 草堂三五里,春水群鸥野老心.

陕西苏武庙联:

三千里持节孤臣,雪窖冰天,半世妆来赢属国;

十九年托身异域,韦鞲毳幕,几人到此悔封侯.

元代赵孟頫题扬州迎月楼(得主人千金之赠)联:

春风阆苑三千客,

明月扬州第一楼.

王凯泰题杭州云栖寺联:

山溪一曲泉千曲,

竹径三分屋二分.

朱明亮题岳飞庙墓联:

大烈震乾坤,三字含冤,未抵黄龙同痛饮;

孤忠悬日月,千秋生晚,只从青史仰威名.

陕西潼关联:

华岳三峰凭槛立,

黄河九曲抱关来.

虎丘三笑亭联:

桥跨虎溪,三教三源流,三人三笑语;

莲开僧舍,一花一世界,一叶一如来.

滁州醉翁亭联:

翁去八百年,醉乡犹在;

山行六七里,亭影不孤.

南京莫愁湖胜棋楼联:

烟雨湖山六朝梦,人言为信,我始欲愁,仔细思量,风吹皱一池春水;

英雄儿女一枰棋,胜固欣然,败亦可喜,如何结局,浪淘尽千古英雄.

岳阳楼联：

  水天一色,洞庭西下八百里,后乐先忧,范希文庶几

知道;

  风月无边,淮海南来第一楼,昔闻今上,杜少陵始可

言诗.

长沙三闾大夫(屈原)祠联：

  何处招魂,香草还生三户地;

  当年呵壁,湘流应识九歌心.

李春园题滕王阁联：

  我辈复登临,目极湖山千里而外;

  奇文共欣赏,人在水天一色之中.

题泰山南天门：

  门辟九霄,仰步三天胜迹;

  阶崇万级,俯临千嶂奇观.

5.5.8　数字佳联欣赏

  自古以来,文人墨客多以巧对炫耀自己,故常常流于文字游戏.但其中也不乏妙笔佳句,在浩瀚的楹联沧海中,工巧联以其独特的风采流传于世,受到人们的喜爱.

  如庐山东林寺联：

  桥跨虎溪,三教三源流,三人三笑语;

  莲开僧舍,一花一世界,一叶一如来.

  上联叠用"三"字,"三教",指儒、释、道三教;"三人",指儒陶渊明、释慧远、道陆修静;"一花",指菩提花;"一世界",指佛家过去现在将来为一世,东西南北上下为一界;"一叶",指禅宗的一个宗派;"如来",指释迦牟尼.此联为后人写三人谈儒论道流连忘返而且留下言谈三笑的故事.联语以一对三,工整独到,境界优美.作者

善于从驳杂的事物中提取完美和谐的艺术体裁,有巧夺天工之妙.

苏东坡多才多艺,能诗能文,能书能画,也善于对对子.有一次,他的一位朋友故意用难题考他,便说出上联:

三光日月星.

这是个数字联.对联中的数字一定要用数字来对.上联用了"三",并说明三者为日月星,下联的数字就不能再用"三",只能是比"三"多或少的数字,但具体事物又必须是三件,才能与上联相对,这就是此联难对的地方.苏东坡毕竟是大文学家,他脑子一转,从《诗经》中找到了办法.因为《诗经》分风、雅、颂,其中雅又分为大雅、小雅,通常称为"四诗"所以他很快就对出了下联:

四诗风雅颂.

苏东坡对中国诗歌的源头《诗经》,作了高度的评价,并形成一副令人叫绝的数字名联.

承德避暑山庄万松岭行宫有副名联,系为乾隆皇帝八十华诞所作,联曰:

八十君王,处处十八,公道旁介寿,

九重天子,年年重九,节塞上称觞.

此联由清代两位大学者彭元瑞和纪晓岚联袂撰写,虽是奉承贺寿的应景之作,却不落俗套、不做"表面文章",妙在切人(乾隆)、切地(万松岭)、切时(重阳节),工整对仗寓意深厚,几个数字的妙用在联中起到事半功倍画龙点睛的效果,堪称联中极品.

再看山东济南大明湖小沧浪亭联:

四面荷花三面柳,

一城山色半城湖.

此联通过数字,逼真地描述了大明湖和小沧浪亭的秀丽风光.上联写凭栏俯视所见之景物,数字"四""三"与荷花、杨柳有机结合,有力地烘托、刻画了大明湖和小沧浪亭的特点:"四"面荷花

"三"面柳.下联写登亭四望所见之景物,数词"一""半"与春色、湖水有机结合,有效映衬,突出了济南城的一大特点:"一"城山色"半"城湖.全联把大明湖和济南城的形象描绘得特征鲜明,清晰如画,惟妙惟肖.

下面的数副对联,皆为悼念孔明,赞颂诸葛亮的名联:

诸葛亮死后,后人为了缅怀他的功绩,自西晋以来,历代的文人墨客留下了一副副脍炙人口的名楹佳联.在这些楹联中有一些巧妙地将数字嵌入其中,别出心裁,独具匠心.

位于河南南阳市的卧龙岗相传是诸葛亮当年躬耕之地,这里景色幽雅,建筑别致.武侯祠内有这样一副对联:

收二川,摆八阵,七擒六出,五丈原设四十九盏明灯,

一心只为酬三顾;

取西蜀,定南蛮,东和北拒,中军帐按金土木爻之卦,

水面偏能用火攻.

从这副楹联中不难看出,上联嵌入了数字一至十,下联嵌入了"五方"和"五行".此联不仅概述了诸葛亮的丰功伟绩,而且用上了"一二三四五六七八九十"各个数字和"东南西北中金木水火土"十个字,真是意义深远,结构奇巧.

四川成都市南郊的武侯祠,是西晋末年十六国李雄为纪念蜀汉丞相诸葛亮而建的.祠内古柏苍郁,殿宇雄伟,这里也有一副对联,是赞颂诸葛亮在蜀川的功德的:

一生唯谨慎,七擒南渡,六出北征,何期五丈崩摧,九伐志能尊教受;

十倍荷襃荣,八阵名成,两川福被,所合四方精锐,三分功定属元勋.

陕西省勉县定军山有"武乡侯"诸葛亮的陵墓,当年诸葛亮出川伐魏病死五丈原后就埋葬于此,这里的武侯祠有这样一副对联,

可谓对诸葛亮一生盖棺论定了.该联曰：

> 义胆忠肝,六经以来二表;
>
> 托孤寄命,三代而后一人.

下面对联,仅用了十个字,赞颂了诸葛亮才高睿智,鞠躬尽瘁,死而后已的一生功绩：

> 两表酬三顾,
>
> 一对足千秋.

所谓"两表"是指诸葛亮入川后为蜀汉大业所作的前、后《出师表》;"一对"是指当年刘备三顾茅庐时所作的《隆中对》,在文中诸葛亮有"三分天下"的精辟分析.

5.6 别具情趣的诗歌数学题

5.6.1 漫谈我国的诗歌数学题

有的诗歌本身就是一道数学题.将数学问题融入诗歌之中,由于其寓意较为隐晦,让人深思、遐想,更具迷人光彩.这种诗歌数学题,语言优美、活泼、形式新颖,有利于学习兴趣的培养,它不仅可以打开人们思维的天地,又可以得到美的享受和学到某些数学知识.

我国编写诗歌数学题的历史悠久,从南宋杨辉开始,元代的朱世杰、丁巨、贾亨,明代的刘仕隆、程大位等都采用歌诀形式给出各种算法或用诗歌形式提出各种数学问题.

杨辉的数学诗歌形式在宋代并没有广泛流传,元代数学家朱世杰把自己收集的数学名题经过整理,写出了一部由浅入深的数学教科书《算学启蒙》.这部书从乘法口诀、面积、地积计算、各种比例应用题,一直写到勾股定理的应用及乘方,是一本当时最受欢迎的数学启蒙书.朱世杰的《四元玉鉴》卷中的诗和词形式新颖、生动有趣.

明代珠算大师程大位的《算法统宗》是我国 16 世纪的数学杰作,全书 17 卷,共有 595 个数学题.其中卷十三至卷十六诸题,均以诗歌体写成.《算法统宗》风行宇内,在亚洲国家流传至今.

下面是明代数学家程大位编写的一首著名诗题：

远望巍巍塔七层,红光点点倍加增；

共灯三百八十一,请问各层几盏灯？

诗题文字优美,读来朗朗上口,算来颇具趣味,可以说是程大位所编数诗题中的精品.

下面又是程大位编写的另一道著名的数学诗题：

旷野之地有个桩,桩上系着一腔羊；

团团蹋破三亩二,试问羊绳几丈长？

题目记载在他的名著《算法统宗》上,题中的"腔"字,是一个量词,"一腔"作"一只"或"一头"解.由诗题可以想象在空旷的原野上有一根木桩,木桩上系着一只羊,而羊绕着木桩在吃草活动的情景.显然,这是一道已知圆面积求半径的算题.

诗歌数学题融文、史、数、谜于一体,是我国古代常见的一种算题形式,它与现代的数学题相比,读起来更有意思,朗朗上口,但对我们现代人理解起来要难一些.诗和数学都是非常迷人的,将两个迷人的东西结合起来,写成一首雅俗共赏的数学诗词,另有一番韵味.诗歌数学题是数学与文学的交汇,是数学家和诗人的和谐统一.

5.6.2　四则运算题

《寺内僧人知多少》·清朝数学家徐子云

巍巍古寺在云中,不知寺内多少僧.

三百六十四只碗,看看用尽不差争.

三人共食一只碗,四人共吃一碗羹.

请问先生明算者,算来寺内几多僧?

解法:因为12个人要用3+4＝7只碗,所以寺内共有僧364÷7×12＝624(人).

《晚霞红》

太阳落山晚霞红,我把鸭子赶回笼.

一半在外闹哄哄,一半的一半进笼中.

剩下十五围着我,共有多少请算清.

诗歌朴实生动,颇有田园气氛.可算出鸭子的总数为15÷(1－1/2－1/4)＝15÷1/4＝60(只).

《李白沽酒》

唐代的天文学家、数学家张逐曾以"李白沽酒"为题材编了一道算题:

李白无事街上走,提着酒壶去买酒.

遇店加一倍,见花喝一斗.

三遇店和花,喝光壶中酒.

借问此壶中,原有多少酒?

此题倒着思考就容易解了:

第三次遇花前壶中有酒:0+1＝1(斗)

第三次遇店前壶中有酒:1÷2＝1/2(斗)

第二次遇花前壶中有酒:1/2+1＝3/2(斗)

第二次遇店前壶中有酒:3/2÷2＝3/4(斗)

第一次遇花前壶中有酒:3/4+1＝7/4(斗)

第一次遇店前壶中有酒:7/4÷2＝7/8(斗)

列综合式:[(1÷2+1)÷2+1]÷2＝7/8(斗).

若用方程方法来解,这题数量关系更明确.设壶中原有酒 x 斗,据题意列方程: $2[2(2x-1)-1]-1=0$ 解之,得 $x=7/8$.

《及时梨果》

元代数学家朱世杰编著的《四元玉鉴》中有一道《及时梨果》题目:

　　　九百九十九文钱,及时梨果买一千,

　　　一十一文梨九个,七枚果子四文钱.

问:梨果多少价几何?

此题的题意是:用999文钱买得梨和果共1000个,梨11文买9个,果4文买7个.问买梨、果各几个,各付多少钱?

解:梨每个价: $11÷9=\dfrac{11}{9}$ (文),果每个价: $4÷7=\dfrac{4}{7}$ (文);

果的个数: $\left(\dfrac{11}{9}×1000-999\right)÷\left(\dfrac{11}{9}-\dfrac{4}{7}\right)=343$ (个),梨的个数: $1000-343=657$ (个);

梨的总价: $\dfrac{11}{9}×657=803$ (文),果的总价: $\dfrac{4}{7}×343=196$ (文).

《宝塔装灯》

明代数学家吴敬编著的《九章算法比类大全》中有一道题:

　　　远望巍巍塔七层,红光点点倍加增,

　　　共灯三百八十一,请问顶层几盏灯?

解:各层倍数和为: $1+2+4+8+16+32+64=127$.

故顶层的灯数为: $381÷127=3$ (盏).

《湖边桃柳》

　　　湖边春色分外娇,一株杨柳一株桃,

　　　沿湖周长两公里,五米一株不缺少.

　　　桃红柳绿交辉映,鸟飞雀舞乐陶陶,

漫步湖边赏春色,不知桃柳各多少?

兴庆湖畔春色迷人,杨柳飘飘,桃花娇艳.堤边一棵杨柳一株桃相间得宜.湖的周长是两千米,每两棵树的间隔是五米,诗人漫步在湖边观赏着这迷人的春色!

分析:湖属于封闭式的,在它的周围栽树,不就是封闭图形的栽树问题吗.如果都按一种树计算,应该是:湖的周长÷间隔长=棵数,即 $2000÷5=400$(棵).因为桃树和柳树的间隔是相宜的,所以再除以2就可以了,$400÷2=200$(棵).即桃树和柳树各200棵.

5.6.3 一元一次方程题

《李三公开店》

> 我问开店李三公,
>
> 众客都来到店中,
>
> 一房七客多七客,
>
> 一房九客一房空,
>
> 多少房多少客?

解:列方程,设有 x 间房. $7x+7=9(x-1)$,$9x-7x=7+9$,$2x=16$,$x=8$,$8×7+7=56+7=63$.

答:有8间房,63个人.

《百羊问题》

> 甲赶群羊逐草茂,
>
> 乙拽一羊随其后,
>
> 戏问甲及一百否?
>
> 甲云所说无差谬,
>
> 若得这般一群凑,
>
> 再添半群小半群,

得你一只来方凑.

玄机奥妙谁猜透?

设甲原有羊 x 只, 依题意列方程: $x+x+\dfrac{x}{2}+\dfrac{x}{4}+1=100$, 解得 $x=36$ (只).

"百羊问题"是《算法统宗》中"难题"之一.

《李白沽酒探亲朋》

李白沽酒探亲朋, 路途遥远有四程;

一程酒量添一倍, 却被书童喝六升;

行到亲朋家里面, 半点全无空酒瓶.

借问高明能算士, 瓶内原有多少升?

解说: 李白叫书童带着盛有一定酒量的酒瓶, 随他一同到遥远的亲朋好友家中去做客. 这里到朋友家有四段路程, 每经过一段路程, 李白都要将瓶中的酒量添加 1 倍. 但是, 调皮的小书童在每次买酒以后, 都要偷偷地将瓶内的酒喝掉 6 升. 这样, 他们边走边买并边被书童偷喝, 走到朋友家的时候, 酒瓶里一点酒也没有了. 问: 他们出发的时候, 原来酒瓶里的酒有多少升?

我们可以用方程来解答这道题目. 设原来瓶内的酒量为 x 升, 第一程酒量添一倍以后, 就有酒 $2x$ 升; "却被书童喝六升"后, 酒量就只有 $(2x-6)$ 升了. 因"路途遥远有四程", 走到朋友家时, "半点全无空酒瓶", 故可列方程为

$$\{[(2x-6)\times2-6]\times2-6\}\times2-6=0,$$

解这一方程, 得 $x=5.625$, 即酒瓶内原来有酒 5.625 升.

5.6.4　一元二次方程题

《船运公粮》

在梅毂成《增删算法统宗》中, 记载有下列数学诗题:

每岁都要纳秋粮,雇船搬载去上仓.

五万七千六百石,河中漏湿一船粮.

每船附带一石去,船中仍剩一石粮.

秋粮纳米已有数,不知原用几只装?

解:设原有 x 只船,每只船装 x 石粮,根据题意,有 $x^2 = 57600$,得 $x = 240$(−240 舍去).

答:原有 240 只船,每只船装 240 石粮.

据朱世杰《四元玉鉴》有下面诗题:

六贯二百一十钱,倩人去买几株橡(六贯即六千文).

每株脚钱三文足,无钱准与一株橡(脚钱即运费.减少一株橡后的脚钱与一株橡的价相等).

解:设橡数为 x 株,则每株橡价为 $\dfrac{6210}{x}$,根据题意得方程为:

$$3(x-1) = \dfrac{6210}{x},$$整理得 $3x^2 - 3x - 6210 = 0$,解得 $x_1 = 46, x_2 = -45$(舍去).

由 $\dfrac{6210}{x} = \dfrac{6210}{46} = 135$,知能买 46 株橡,每株橡价为 135 文钱.

5.6.5 二元一次方程组题

《周瑜寿多少》

而立之年督东吴,早逝英年两位数;

十比个位正小三,个是十位正两倍;

哪位同学算得快,多少年寿属周瑜?

解:设周瑜年龄的个位数为 x,十位数字为 y,根据题意,得

$$\begin{cases} y = x - 3 \\ x = 2y \end{cases},\text{解得}:\begin{cases} x = 6 \\ y = 3 \end{cases}.$$

答:周瑜只活了 36 岁.

《八戒吃仙果》

　　三种仙果红紫白,八戒共吃十一对;

　　白果占紫三分一,紫果正是红二倍;

　　三种仙果各多少? 看谁算得快又对?

解:设红果 x 只,紫果 y 只,则白果$(22-x-y)$只,根据题意,得

$$\begin{cases} 22-x-y=\dfrac{1}{3}y \\ y=2x \end{cases},解得:\begin{cases} x=6 \\ y=12 \end{cases}.$$

答:红果 6 只,紫果 12 只,则白果 4 只.

《武大郎卖饼》

　　武大郎卖饼串满街,甜咸炊饼销得快;

　　甜三咸二两厘一,咸四甜二两厘二;

　　各买一张甜咸饼.武大郎饼价该怎卖?

解:设每张甜饼 x 厘,每张咸饼 y 厘,根据题意,得

$$\begin{cases} 3x+2y=2.1 \\ 4y+2x=2.2 \end{cases},解得:\begin{cases} x=0.5 \\ y=0.3 \end{cases}.$$

答:每张甜饼 0.5 厘,每张咸饼 0.3 厘.

《鸡鸭各多少》

　　鸡鸭共一栏,鸡为鸭之半.

　　八鸭展翅飞,六鸡在下蛋.

　　再点鸡鸭数.鸭为鸡倍三.

　　请你算一算,鸡鸭各多少?

解:设鸡有 x 只,鸭有 y 只,根据题意,得

$$\begin{cases} y=2x \\ y-8=3(x-6) \end{cases},解得:\begin{cases} x=10 \\ y=20 \end{cases}.$$

答:鸡有 10 只,鸭有 20 只.

5.6.6 "勾股定理"题

《西江月·荡秋千》

在程大位《算法统宗》中,有一道使用《西江月》词牌写的与荡秋千有关的数学问题:

> 平地秋千未起,踏板一尺离地.送行二步与人齐,五尺人高曾记.

> 仕女佳人争蹴,终朝笑语欢嬉.良工高士素好奇,算出索长有几?

词写得很优美,翻译成现代汉语大意是:有一架秋千,当它静止时,踏板离地 1 尺,将它往前推进 10 尺(每 5 尺为一步),秋千的踏板就和人一样高,这个人的身高为 5 尺,如果这时秋千的绳索拉的很直,试问它有多长?

下面我们用勾股定理知识求出答案.

解:如图 5-1 所示,设秋千的绳索 AC 与 AD 为 x 尺,则 AB 的长为 $(x-4)$ 尺,作 $BD \perp AC$ 于 B,则 BD 为 10 尺.在直角三角形 ABD 中,有 $AD^2 = AB^2 + BD^2$,即

$$x^2 = (x-4)^2 + 10^2,解得 x = 14.5(尺).$$

图 5-1

答:秋千绳索长为 1 丈 4 尺 5 寸.

《西江月·折竹抵地》

《九章算术》中有古算题"折竹抵地":

> 今有竹高一丈,园中出众高强.只因有病被虫伤,节节相连不长.

> 风折枯梢在地,离根三尺曾量.枯梢折竹数明彰,激

恼先生一响.

译文是:"有一根竹子原来高一丈,竹梢部分折断,尖端落在地上,竹尖与竹根的距离三尺,问竹干还有多高?"

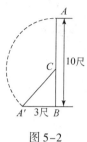

图 5-2

解:如图 5-2 所示,设竹子顶端点为 A,根端点为 B,从 C 处折断,则 A 点落在地上,记为 A',这里即有一个直角三角形 $A'BC$,B 为直角,$A'C$ 为斜边.根据条件,有 $AC+BC=1$ 丈 $=10$ 尺,$A'B=3$ 尺,所求为 BC 的长.根据勾股定理,可列方程如下:

$$BC^2+3^2=(10-BC)^2, BC^2+9=100-20BC+BC^2, 20BC=91, BC=4.55 \text{ 尺}.$$

答:竹还高 4.55 尺.

5.6.7 数列问题

《浮屠增级歌》

在程大位《算法统宗》中,有这样的一首歌谣叫"浮屠增级歌":

> 远看巍巍塔七层,
>
> 红光点点倍加倍.
>
> 共灯三百八十一,
>
> 请问尖头几盏灯?

这首古诗描述的这个宝塔,其古称浮屠.本题说它一共有七层宝塔,每层悬挂的红灯数是上一层的 2 倍,已知塔共有 381 盏灯,问这个塔顶有几盏灯?

解:这是一个等比数列问题.已知 $n=7$,$S_7=381$,$q=2$,求首项 $a_1=?$ 由 $S_7=\dfrac{a_1(2^7-1)}{2-1}$,即 $381=\dfrac{a_1(2^7-1)}{2-1}=\dfrac{a_1(128-1)}{1}=127a_1$,解

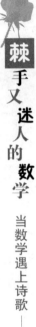

得 $a_1 = \dfrac{381}{127} = 3$.

答:塔顶共有 3 盏灯.

《五兄欠钱》

    甲乙丙丁戊,酒钱欠千五.

    甲兄告乙弟,四百我还与.

    转差是几文,各人出怎取.

解:这是一个等差数列问题,已知 $S_n = 150$,$n = 5$,$a_1 = 400$,代入公式

$$S_n = \frac{2na_1 + n(n-1)d}{2}, \text{即 } 150 = \frac{2 \times 5 \times 400 + 5(5-1)d}{2}, \text{解得 } d = -50.$$

故五人分别应还钱:甲为 400;乙为 350;丙为 300;丁为 250;戊为 200.

5.6.8 剩余定理与不定方程题

《孙子定理》

著名《孙子算经》中有一道"物不知其数"问题.原文为:"今有物不知其数,三三数之剩二,五五数之剩三,七七数之剩二,问物几何?答曰二十三."这个问题流传到后世,有过不少有趣的名称,如"鬼谷算""秦王暗点兵""剪算术""隔墙算""大衍求一术"等等.程大位在其《算法统宗》里用诗歌概括了这个问题的解法:

    三人同行七十稀,五树梅花廿一枝,

    七子团圆正月半,除百零五便得知.

这首诗包含着著名的"剩余定理".它的意思是;将用 3 除所得余数乘上 70,加上用 5 除所得余数乘上 21,再加上用 7 除所得余数乘上 15,结果减去 105 的倍数,这样便得所求之数,列成算式是:$2 \times 70 + 3 \times 21 + 2 \times 15 = 233$,$233 - 105 \times 2 = 23$.

南宋周密《志雅堂杂抄》称"鬼谷算",对"物不知数"的解法中三个乘数作诗引出：

三岁孩儿七十稀,五留廿一事尤奇.

七度上元重相会,寒食清明便可知.

诗中"上元"是指正月十五日,即元宵节,暗指"15";而"寒食"是节令名,从冬至到清明,间隔 105 日,这段期间叫做"寒食",故"寒食"暗指"105".这二首诗解法都一样,答案是 23.

清代褚人获在《坚瓠集》内引《挑灯集异》歌诀也是解"孙子定理"的：

三人逢零七十稀,五马沿盘廿一奇.

七星约在元宵里,一百零五定为除.

1852 年,《孙子算经》传入欧洲,人们发现孙子的解法与欧洲著名的数学家高斯的定理是一致的,而中国人的研究要早一千多年,于是大家称之为"中国剩余定理"或"孙子剩余定理"."孙子定理"是数论中最重要的基本定理之一,它属于数论中的"不定方程问题".

《百鸡问题》

今有百钱买百鸡,雄鸡五文不差池,

鸡母每只值三钱,鸡雏一钱买三只.

这就是有名的"百鸡问题".系根据《张丘建算经》卷下第三十八题改编.原题为:鸡翁一值钱五,鸡母一值钱三,鸡雏三值钱一.百钱买百鸡,问鸡翁、母、雏各几何？

解:设公鸡为 x 只,母鸡为 y 只,小鸡为 $(100-x-y)$ 只,则有

$$5x+3y+\frac{100-x-y}{3}=100,且\ x,y\ 为正整数.$$

有两个未知数,只有一个方程,此为不定方程. 根据 x,y 为正整数,可得出三组答案:公鸡 4 只,母鸡 18 只,小鸡 78 只;公鸡 8 只,母鸡

11 只,小鸡 81 只;公鸡 12 只,母鸡 4 只,小鸡 84 只.

5.7　回文数与回文诗

数学与文学有着相似之处,如数学中有回文数,诗中有回文诗便是例子.

5.7.1　回文数撷趣

在数学中的正整数里,有一批对称的数,它们无论从左往右读,还是从右往左读,都是同一个数,这样的数称为"回文数". 例如:66,515,8338 等都是回文数.

(1)回文数的个数

两位数中只有 9 个回文数,它们是 11,22,33,44,55,66,77,88,99;

三位数中的回文数,由前两位数确定,共有 $9 \times 10 = 90$ 个,它们是 $111,121,131,\cdots,212,222,\cdots,989,999$;

类似地四位数的回文数共有 $9 \times 10 = 90$ 个.

一般地,n 位的回文数的个数:

当 n 为偶数($n = 2k$)时,有回文数 $9 \times 10^{k-1}$ 个;

当 n 为奇数($n = 2k+1$)时,有回文数 9×10^{k} 个.

(2)回文数的生成

一个数与其倒序数相加,可以得到回文数. 如 $74+47 = 121$;

一个数与其倒序数相乘,可得到回文数. 如 $21 \times 12 = 252$;

相邻的两个数相乘,可以得到回文数. 如 $77 \times 78 = 6006$;

一些数的平方,可以得到回文数. 如 $11^2 = 121$,$111^2 = 12321$,$121^2 = 14641$;

一些数的立方,可以得到回文数. 如 $7^3 = 343$,$11^3 = 1331$,101^3

$= 1030301$;

一些回文数经过加减运算,仍可得到回文数.如

$$56365 + 12621 = 68986, \quad 5775 - 2222 = 3553.$$

(3)回文数等式

回文数加法等式,如:

$$87 + 56 + 34 + 21 = 78 + 65 + 43 + 12, \quad 81 + 54 + 36 + 27 = 18 + 45 + 63 + 72;$$

回文数乘法等式:如

$$12 \times 231 = 21 \times 132, \quad 23 \times 352 = 32 \times 253, \quad 34 \times 473 = 43 \times 374.$$

(4)1 的"金字塔"

$$1^2 = 1$$
$$11^2 = 121$$
$$111^2 = 12321$$
$$1111^2 = 1234321$$
$$11111^2 = 123454321$$
$$\cdots\cdots$$

可以看出,等式的右边都是回文数.

(5)人生难遇对称年

从 11 世纪到 20 世纪的一千年中,对称的年份只有十个,即

1001,1111,1221,1331,1441,1551,1661,1771,1881,1991,

也就是说一个世纪只有一个对称年,两个对称年间隔 110 年,所以,一个人活到 110 岁,也只能遇到一个对称年.如果活在两个对称年之间,即使活到一百岁,也遇不到一个对称年.但如果生年巧,虽然年龄小,也可以遇到对称年.只有 20 世纪与 21 世纪的对称年相隔最近,只有 11 年.即 1991 年出生的孩子,只需经过 11 年,又可赶上一个对称年 2002,这样一生便可赶上两个对称年了.从 30 世纪到 31 世纪也是如此.

5.7.2 回文诗

回文诗是我国古典诗歌中一种较为独特的体裁. 回文诗据唐代吴兢《乐府古题要解》的释义是:"回文诗,回复读之,皆歌而成文也."回文诗在创作手法上,突出地继承了诗反复咏叹的艺术特色,来达到其"言志述事"的目的,是一种别具情致的文学形式,可收到赏心悦目的音韵回环、寓意迭出、情景奇特的艺术效果.

早有南朝梁·简文帝萧纲的著名《咏雪》诗、《和湘东王后园》回文诗.

《咏雪》:

> 盐飞乱蝶舞,花落飘粉奁.
>
> 奁粉飘落花,舞蝶乱飞盐.

利用"飞盐、舞蝶、奁粉、落花"的正读反读皆有意义,巧妙的写成了一首双句回文诗,将下雪的情景描绘的淋漓尽致,令人心醉不已.

《和湘东王后园回文诗》:

> 云枝间石峰,水脉浸山岸. 清池戏鹄聚,树秋飞叶散.

倒读为:

> 散叶飞秋树,聚鹄戏池清. 岸山浸水脉,峰石间枝云.

唐著名诗人元稹、庾信、白居易、陆龟蒙等也都写过回文诗. 到了宋代,回文诗可以说进入了一个鼎盛时期. 其中风雅文人如苏轼、王安石、黄庭坚、秦观多以回文诗觞咏酬唱. 南宋理学大师朱熹亦写回文诗. 至明代,诗人高启、戏剧大师汤显祖等都是回文诗的推崇者. 清代词人纳兰容若、女诗人吴绛雪等也是写回文诗的高手.

要构造出一首回文诗,选词和巧妙的安排是需要很费心思的.

回文诗有多种形式,如:

"通体回文"指一首诗从末尾一字倒读至开头一字,另成一首诗.

"就句回文"指一句内完成一个回复过程,每句的前半句与后半句互为回文.

"双句回文"就是下一句为上一句的回读.

"本篇回文"就是一首诗词本身完成一个回复,即后半篇是前半篇的回复.

"环复回文"指先连读至尾,再从尾字开始环读至开头.

总之,这种回文诗的创作难度很高,但运用得当,它的艺术魅力是一般诗体所无法比拟的.但回文诗常见的有以下两种.

(1)可以倒读的"回文"诗

下面列举几种不同形式的"回文"诗、词、联:

苏轼的《游金山寺》

诺贝尔奖获得者杨振宁教授曾在香港大学讲演"物理和对称"时,举了苏东坡的七律诗《游金山寺》,作为"对称"的例子:

苏东坡《游金山寺》的回文诗:

潮随暗浪雪山倾,远浦渔舟钓月明.

桥对寺门松径小,巷当泉眼石波清.

迢迢远树江天晓,蔼蔼红霞晚日晴.

遥望四山云接水,碧峰千点数鸥轻.

让我们把这首七律由后往前读下去,就成了

轻鸥数点千峰碧,水接云山四望遥.

晴日晚霞红蔼蔼,晓天江树远迢迢.

清波石眼泉当巷,小径松门寺对桥.

明月钓舟渔浦远,倾山雪浪暗随潮.

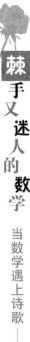

我们还可以把这首七律每两句由后往前读下去,就成了

明月钓舟渔浦远,倾山雪浪暗随潮.

清波石眼泉当巷,小径松门寺对桥.

晴日晚霞红蔼蔼,晓天江树远迢迢.

轻鸥数点千峰碧,水接云山四望遥.

这首回文诗无论是顺读或倒读,都是情景交融、清新明丽的好诗,历来被认为是回文诗中的上乘之作.

徐霞客与回文诗

徐霞客自小酷爱山水,好读史地书籍,从中了解到祖国山河的壮美.当他来到广东高州河边的观山古寺,看到悠悠的绿水,苍翠欲滴的密林,艳丽的晚霞,飞翔的沙鸥,唱晚的渔舟,使他诗兴大发,便在寺庙的壁上,题了一首诗:

悠悠绿水傍林偎,日落观山四望回.

幽林古寺孤明月,冷井寒湖碧映台.

鸥飞满浦渔舟泛,鹤伴闲亭仙客来.

游径踏花烟上走,溪流远棹一篷开.

此诗反读,又是一首绝妙的回文诗:

开篷一棹远溪流,走上烟花踏径游.

来客仙亭闲伴鹤,泛舟渔浦满飞鸥.

台映碧湖寒井冷,月明孤寺古林幽.

回望四山观落日,偎林傍水绿悠悠.

此诗对仗工整,虚实结合,真乃神来之笔.这首回文诗和观山古寺一样,历经时代风雨,饱经世代的变迁,但仍以它独特的魅力,令游览者拍手叫绝.

苏小妹的《赏花》

苏小妹收到丈夫秦少游捎来的一封书信,打开一看,原来是一首别出心裁的回文诗：

　　静思伊久阻归期，久阻归期忆别离；

　　忆别离时闻漏转，时闻漏转静思伊．

　　苏小妹被丈夫的一片痴情深深感动，心中荡起无限相思之情．面对一望无际的西湖美景，便仿少游诗体，也作了一首回环诗，遥寄远方的亲人：

　　采莲人在绿杨津，在绿杨津一阕新；

　　一阕新歌声漱玉，歌声漱玉采莲人．

宋代李禺的《两相思》

　　宋代李禺写过一首夫妻互忆的回文诗，顺读是丈夫思念妻子的一首情诗，倒过来读又是妻子思念丈夫的情诗：

夫想妻（顺读）	妻想夫（倒读）
枯眼望遥山隔水，	子忆父兮妻忆夫，
往来曾见几心知．	寂寥长守夜灯孤．
壶空怕酌一杯酒，	迟回寄雁无音讯，
笔下难成和韵诗．	久别离人阻路途．
途路阻人离别久，	诗韵和成难下笔，
讯音无雁寄回迟．	酒杯一酌怕空壶．
孤灯夜守长寥寂，	知心几见曾来往，
夫忆妻兮父忆子．	水隔山遥望眼枯．

《西江月·泛湖》

　　南宋吴文英写的《西江月·泛湖》词，下阕是上阕的倒读词：

　　过雨轻风弄柳，湖东映日春烟．晴无平水远连天，隐隐飞翻舞燕．

　　舞燕翻飞隐隐，天连远水平无，晴烟春日映东湖，柳弄风轻雨过．

《菩萨蛮》

清代丁澎曾写过一首《菩萨蛮》的回文词：

> 下帘低唤郎知也，也知郎唤低帘下.
>
> 来到莫疑猜，猜疑莫到来.
>
> 道侬随处好，好处随侬道.
>
> 书寄待何如，如何待寄书.

全词共八行，偶数行都是上一行倒着念而成. 每行都是奇数个字(5 或 7 个)，因而，相邻的奇数行与偶数行的中间一个字都是相同的. 可见作者费心费神，用词用句之巧.

《虞美人·寄怀素窗陈妹》

还有一种令人拍案叫绝的互变回文诗词，诗倒读可以成词，词倒读可以成诗. 句法结构和押韵的平仄都要变，难度甚大，颇显诗人才情.

清代女诗人张芬的《虞美人》，题为《寄怀素窗陈妹》，顺读为词，倒读是一首七言律诗. 顺读词云：

> 秋声几阵连飞雁，梦断随肠断. 欲将愁怨赋歌诗，叠
>
> 叠竹梧移影、月迟迟.
>
> 楼高倚望长离别，叶落寒阴结. 冷风留得未残灯，静
>
> 夜幽庭小掩、半窗明.

倒读诗云：

> 明窗半掩小庭幽，夜静灯残未得留.
>
> 风冷结阴寒落叶，别离长望倚高楼.
>
> 迟迟月影移梧竹，叠叠诗歌赋怨愁.
>
> 将欲断肠随断梦，雁飞连阵几声秋.

《虞美人》

清代朱杏孙有一首《虞美人》词，尤其难能可贵. 词本身是回文，同时又能标点为七言律诗，亦可倒读. 词云：

孤楼倚梦寒灯隔,细雨梧窗逼.冷风珠露扑钗虫,络索玉环,圆鬓凤玲珑.

肤凝薄粉残妆悄,影对疏栏小.院空芜绿引香浓,冉冉近黄昏,月映帘红.

倒读也是调寄《虞美人》,但韵脚变了:

红帘映月昏黄近,冉冉浓香引.绿芜空院小栏疏,对影悄妆,残粉薄凝肤.

珑玲凤鬓圆环玉,索络虫钗扑.露珠风冷逼窗梧,雨细隔灯,寒梦倚楼孤.

此词重新标点,乃一首七律:

孤楼倚梦寒灯隔,细雨梧窗逼冷风.

珠露扑钗虫络索,玉环圆鬓凤玲珑.

肤凝薄粉残妆悄,影对疏栏小院空.

芜绿引香浓冉冉,近黄昏月映帘红.

倒读则为

红帘映月昏黄近,冉冉浓香引绿芜.

空院小栏疏对影,悄妆残粉薄凝肤.

珑玲凤鬓圆环玉,索络虫钗扑露珠.

风冷逼窗梧雨细,隔灯寒梦倚楼孤.

由于字数、格律限制,如此回环诵读皆可成文的诗词颇不多见,可见作者构思之巧了.

有了回文诗和回文词,自然也有回文曲,它始于元代,这与元代散曲创作的兴起有关,现存的很少.

《普天乐·欢情》(回文曲)

凤鸾交,浓欢密爱,弄花将嫩叶攀,恐怕匆匆忙迎送.逢难易别,逢难易别,易别难逢.

回文倒读：

逢难别易，别易难逢，别易难逢送．迎忙匆匆怕恐，攀叶嫩将花弄，爱密欢浓交鸾凤．

（2）可以回环读的"回文"诗

回文中还有一种特殊形式的循环句，把一句话写成一个环形，不管你从哪一个字开始，按一定的方向（例如顺时针方向）顺序读下去，都是一句意义完整的话．

图 5-3

围桌品茗

如图 5-3 是古人写在圆形茶具上的一句回文．当朋友围桌而坐，品茗谈心的时候，不管你坐在哪个位置，从对着你的那个字开头，按顺时针方向读下去，都得到一句咏茶的话：

不可一日无此君

可一日无此君不？

一日无此君不可

日无此君不可一

无此君不可一日

此君不可一日无

君不可一日无此

每一句都合乎语法，贴切通顺，用不同的语气，说明了人不可一天无茶．

苏轼巧破回文谜图诗

秦少游是苏东坡的好友加亲戚（妹夫），在文字的驾驭上不输东坡．有一次苏东坡去探望少游，刚好他外出回家，苏东坡问他去哪里？少游不答，就在纸上写了一圈十四个字（图 5-4）．苏东坡一看这是一首回文谜图诗，他哈哈大笑，拿起笔来把这谜底诗写出，这是一首顺

的回文绝句:

　　　　赏花归去马如飞,去马如飞酒力微.

　　　　酒力微醒时已暮,醒时已暮赏花归.

　　这四句读下来,头脑里闪现出姹紫嫣红的花,的的笃笃的马,颤颤巍巍的人,暮色苍茫的天.14 个字组成了一首七言绝句,每个字出现两次,文字处理技巧高超.如果继续顺时针方向往下跳过三个字,就回到"赏"

图 5-4

字,又可将诗重新欣赏一遍了.中国语文不单音律辞藻美,也很有形式变化的美,如果你能巧妙灵活地运用,一定能创造出优美的作品.

　　生活中的圆圈,在数学上叫做圆周.一个圆周的长度是有限的,但是沿着圆周却能一圈又一圈地继续走下去,周而复始,永无止境.回环诗把诗句排列在圆周上,前句的后半,兼作后句的前半,用数学的趣味增强文学的趣味,用数学美衬托文学美.

　　请看清代女诗人吴绛雪写的春、夏、秋、冬四首回文诗:

　　《春》:莺啼岸柳弄春晴夜月明.

　　《夏》:香莲碧水动风凉夏日长.

　　《秋》:秋江楚雁宿沙洲浅水流.

　　《冬》:红炉透炭炙寒风御隆冬.

　　读法:

　　《春》莺啼岸柳弄春晴,柳弄春晴夜月明.明月夜晴春弄柳,晴春弄柳岸啼莺.

　　《夏》香莲碧水动风凉,水动风凉夏日长.长日夏凉风动水,凉风动水碧莲香.

　　《秋》秋江楚雁宿沙洲,雁宿沙洲浅水流.流水浅洲沙宿雁,洲沙宿雁楚江秋.

《冬》红炉透炭炙寒风,炭炙寒风御隆冬.冬隆御风寒炙炭,风寒炙炭透炉红.

5.7.3　千古绝唱《璇玑图》

最著名的回文诗是我国前秦时的秦州刺史窦滔的妻子苏蕙所作的《璇玑图》.苏蕙字若兰,魏晋三大才女之一,苏蕙知识广博,仪容秀丽,深得丈夫窦滔敬重.窦滔有个宠姬叫赵阳台,一次,窦滔到襄阳做官,窦滔带着赵阳台去赴任,渐渐和若兰断了音讯.此时的若兰十分悔恨,于是费尽心机,织成一块八寸见方的五色锦缎,用文字织成回文诗,这便是我国历史上有名的《璇玑图》.若兰派人把织好的锦图送到襄阳,窦滔读后十分惭愧,深感对不起爱妻若兰,并用隆重的礼仪,把若兰接到襄阳,自此以后,夫妻更加恩爱.

《璇玑图》在我国文学艺术史上占有特殊地位,《璇玑图》流传到后世,不知令多少文人雅士伤透了脑筋.1600 多年来,研究它的人世代不绝.唐代女皇武则天亲自为它写了序言,推崇备至,谓其"才情之妙,超古迈今".据武则天《织锦回文记》中说,可读诗二百余首,但读法失传.宋代,黄庭坚曰"千诗织就回文锦",也未能读到千首.到了明孝宗时起宗道人把璇玑图分解为七个分图,读诗达3572 首.明代学者康万民,苦研一生,撰下《"璇玑图"读法》一书,说明原图的字迹分为五色,分为正读、反读、起头读、逐步退一字读、倒数逐步退一字读、横读、斜读、四角读、中间辐射读、角读、相向读、相反读等12 种读法,可得五言、六言、七言诗4206 首.乾隆四十六年,扶风知事熊家振撰修的扶风县志,言其读诗达9958 首.每一首诗均悱恻幽怨,一往情深,真情流露,令人为之动颜.

由于《璇玑图》奇巧绝伦,在后世产生的影响极大,世人竟抄不绝,王侯抄藏于大内,文士摹贮于箱箧,商旅书题于驿馆,流传甚广,《璇玑图》风靡千百年来的文苑艺坛.

　　下面收录的《璇玑图》,原为彩印,但本书为黑白印刷,故只能将原彩色在黑白版上画成各个分区版块以飨读者(图 5-5).

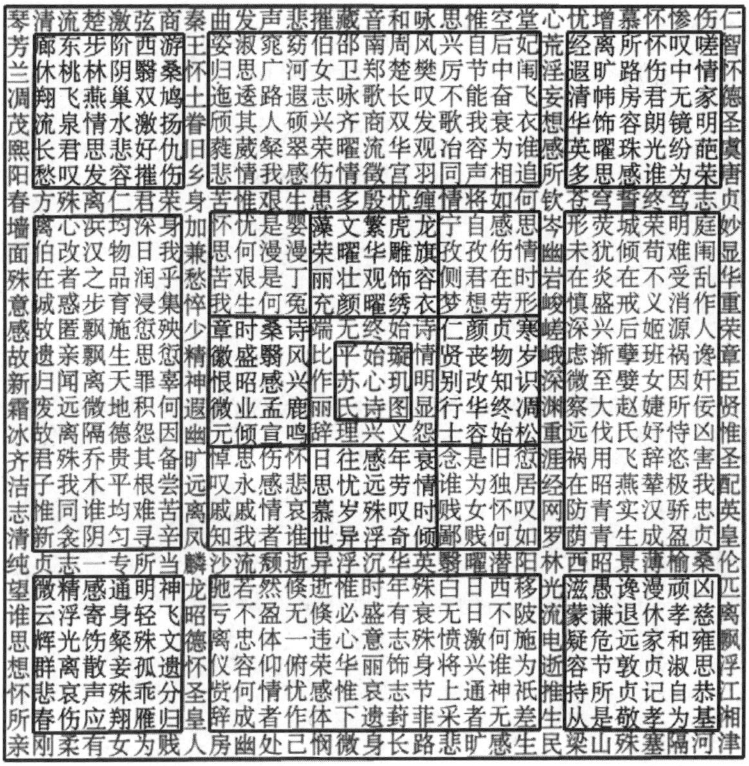

图 5-5

　　《璇玑图》最早是 840 字,后人感慨璇玑图之妙遂在璇玑图正中央加入"心"字,成为现在广泛流传的 841 字版本. 璇玑图最早的五色已不可考,后人通过颜色区块的划分来解读《璇玑图》.《璇玑图》这841 个字排成的"文字方阵",竟然能衍化出数千计的各种诗体的诗来,读法更是千奇百怪. 今天我们要想彻底读懂,也是很难做到的.

　　《璇玑图》《回文旋图诗》摘录:

　　　　开篷一棹远溪流,走上烟花踏径游.

　　　　来客仙亭闲伴鹤,泛舟渔浦满飞鸥.

台映碧泉寒井冷,月明孤寺古林幽.

回望四山观落日,偎林傍水绿悠悠.

可倒读为:

悠悠绿水傍林偎,日落观山四望回.

幽林古寺孤明月,冷井寒泉碧映台.

鸥飞满浦渔舟泛,鹤伴闲亭仙客来.

游径踏花烟上走,流溪远棹一篷开.

相信读者也可从下面图5-6中整理出一些回文诗篇来,不妨一试.

琴清流楚激弦商秦曲发声悲摧藏音和咏思惟空堂心忧增慕怀惨伤仁
芳廊　　王　　　南　　　荒　　　嗟智
兰桃　　怀　　　郑　　　淫　　　中怀
凋燕　　土　　　歌　　　妄　君　　德
茂水　　眷　　　商　　　想　容　　圣虞
熙　好　旧　　　流　　　感　曜　　虞唐
阳　伤乡　　　　征　　　所多
春方殊离仁君荣身苦惟艰生患多殷忧缠情将如何钦苍穹誓终笃志贞
墙　　加怀　　　繁　　　思岑　　　妙
面　　兼何　华　　伤　　幽　　　显华
殊　　愁是　观　　君　　岩　　　重荣
意　　悴冤　曜　　梦　　峻　　　荣章
感　　少端　终诗　岩嵯　　　
故　　精　　平始璇　嵯峨
新旧闻离天罪辜神恨昭盛兴作苏心巩明别改知识深微至婴女因奸臣
霜　　逶　　　氏诗图　　渊　　　贤
水　　幽　　辞兴怨　　　重　　　惟圣
齐　　旷　　怀感念　　　涯　　　配英
杰　　远　　感远为　　　经　　　皇
志　　离　　戚殊怀　　　网
清　　凤知　　浮　　　如罗
纯贞志一专所当麟沙流颓逝异沉浮华英翳曜潜阳林西昭景薄榆桑伦
望　　神龙　　　时　　　光滋　　　匹
谁　　轻昭　　　盛　　　流谦　　　离
思　　桀德　　　意　　　电远　　　飘
想　　散怀　　　丽　　　逝贞　　　浮
怀哀　　圣　　　哀　　　推自　　　江
所春　　皇　　　遗　　　生　　　基湘
亲刚柔有女为贱人房幽处己悯微身长路悲旷感生民梁山殊塞隔河津

图5-6

216

后来,历代不少有才之士纷纷想模仿"璇玑图"创作诗歌,仅宋代大学士苏轼创造的一种"反复诗",尚有一些"璇玑图"的意韵,全文排列如图 5-7 所示。

图 5-7

"反复诗"的字排成菱形,从外圈任一字开始,左旋右旋都可读,能得五言绝句三十首;如,从"香"字起读,

顺时针方向为:

　　　　香吐尖笋隐,

　　　　东洼水远山.

　　　　藏雨烟冷衬,

　　　　红花蕊远含.

逆时针方向为:

　　　　香含远蕊花,

　　　　红衬冷烟雨.

　　　　藏山远水洼,

　　　　东隐笋尖吐.

圈内十字交叉的十三个字,顺读、横读、逆读,可得七言绝句四首;

如,从"烟"字起读为:

　　　　烟云望老斗叉尖,

　　　　水流春老吟残蕊.

　　　　尖叉斗老望云烟,

　　　　蕊残吟老春流水.

也可试试从"蕊""尖""水"开读,就会得到另外三首绝句.

又以中间的"老"字为枢纽,左右上下旋读,又可得诗若干首;

如向左按顺时针方向读:

　　　　老春流水远山藏,

　　　　老望云烟冷衬红.

　　　　老吟残蕊远含香,

　　　　老斗叉尖笋隐东.

　　据说若将所有 29 字任取一字随意回旋,取其押韵,还能得诗若干首.从这 29 字反复变化,能读出七八十首诗来.可以说是神奇巧妙,与《璇玑图》异曲同工.然而,从气势上,变化的花样和难度上,它仍与"璇玑图"难以相提并论.

　　《璇玑图》回环往复都能诵读,能顺读,能倒读,能斜读,能交互读,能上下颠倒读,读来回环往复,绵延无尽,给人以荡气回肠、意兴盎然的美感.是一种别具情致的文学形式,产生强烈的回环叠咏的艺术效果.苏蕙用一腔幽情创制的《璇玑图》真能称得上千古之绝唱!

5.8　杨辉三角与对称诗

　　"杨辉三角"秀美奇巧,是数学领域的一枝奇葩.古往今来的数学爱好者,常常对"杨辉三角"那丰富的内涵情有独钟.但很少有人把"杨辉三角"的丰富的内涵与写诗联系起来.其实,诗文都离不开美."杨辉三角"蕴涵着许多对称的元素,作为一种数学美的典型,可以和许许多多诗文形成映射.与文学中的宝塔诗、回读诗、连环诗等之对称美相映成趣,理解并掌握这种美妙关系,灵活运用到写诗作文的谋篇布局中,可能收到神奇的效果.

5.8.1　简说"杨辉三角"

杨辉是我国宋朝时期的数学家,他在公元 1261 年写了一本《详解九章算法》,里面画了下面这样一张图:

图名叫做"开方作法本源",又称"杨辉三角"(或"贾宪三角").杨辉三角用数字写出来是:

$$
\begin{array}{ccccccccccc}
& & & & & 1 & & & & & \\
& & & & 1 & & 1 & & & & \\
& & & 1 & & 2 & & 1 & & & \\
& & 1 & & 3 & & 3 & & 1 & & \\
& 1 & & 4 & & 6 & & 4 & & 1 & \\
1 & & 5 & & 10 & & 10 & & 5 & & 1
\end{array}
$$

1　6　15　20　15　6　1

1　7　21　35　35　21　7　1

1　8　28　56　70　56　28　8　1

1　9　36　84　126　126　84　36　9　1

"杨辉三角"有许多有趣的性质,现我们只用下面的几条,以便与相应的诗歌(对联)相对照:"杨辉三角"各数字按照上面的排法

1)各数字构成一个等腰三角形,形如一个宝塔;

2)两腰上的数皆为 1,即每行的首末位数皆为 1;

3）中间每个数,都等于它上方两数之和;

4）每行数字左右对称,由 1 开始逐渐变大,再由大逐渐变小到 1;

5）第 n 行的数字有 n 个.

5.8.2　宝塔诗

数学的奇妙,一个重要的原因就是数学中的很多规律可以映射到其他学科领域中,甚至文学领域中.看似相隔千里的两种学科,却都有某种令人啧啧赞叹的对称奥妙.文学领域中的"宝塔诗"与数学中的"杨辉三角"很多对称形态有着某种相同的结构.宝塔诗可分以下几种。

(1)单塔宝塔诗

这种诗由若干行组成:第一行只有一个字,第二行两个字,第三行三个字,如此类推.当书写时每句都居中排列,就形成一个等腰三角形,像一座宝塔一样.它与"杨辉三角"用数字写出来,所排成的形状相像,形成诗歌独有的结构美.读后使人玩味不已,其趣无穷.我们把具有这样形状的诗叫做"单塔宝塔诗".

吴敬梓的单塔宝塔诗:吴敬梓《儒林外史》里的一首,从一字起首,一句一增字数.每句都押韵,读起来朗朗上口:

呆,

秀才.

吃长斋,

胡须满腮,

经书揭不开,

纸笔自己安排,

明年不请我自来.

独逸窝退士的"十字令"：独逸窝退士《笑笑录》中的"十字令"，也是一韵到底.写官场的腐败,讽刺贪官污吏.可谓一针见血：

红,

圆融.

路路通,

认识古董.

不怕大亏空,

围棋马吊中中.

梨园子弟殷勤奉,

衣服整齐言语从容.

主恩宪眷满口常称颂,

座上客常满樽中酒不空.

(2)双塔宝塔诗

它是由单塔体中的一七体(七行)演化而来的,左塔不用一韵到底,由右塔充之.首句一字,以下逐句字数分别为：二、二,三、三,四、四,直至七、七.双塔诗并非只有一七体五十五字或五十六字,也有一至九言乃至更多.双塔诗是最常见的.白居易所作的《诗》和元稹所作的《茶》将这种诗体运用如神、妙趣横生,应当是"千古不朽之作"了：

白居易的《诗》：

诗,

绮美,瑰奇.

明月夜,落花时.

能助欢乐,亦伤别离.

调清金石怨,吟苦鬼神悲.

天下只应我爱,世间唯有君知.

自从都尉别苏句,便到司空送白辞.

这首诗几乎不用什么典故,通俗易懂.这是白话诗的特点,所谓"老妪能解也".

元稹的《茶》:

茶,

香叶,嫩芽.

慕诗客,爱僧家.

碾雕白玉,罗织红纱.

铫煎黄蕊色,碗转曲尘花.

夜后邀陪明月,晨前命对朝霞.

洗尽古今人不倦,将知醉后岂堪夸.

这首诗概括了茶的品质、功效,还有饮茶的意境,烹茶、赏茶的过程.全诗构思巧妙,叙述自成逻辑,是茶诗中的精品.

张南史的双塔宝塔诗六首:宝塔诗起源于唐诗,原称为"一七体诗",创始人是唐代诗人张南史.下面是张南史的六首咏物诗《雪》《月》《泉》《竹》《花》《草》很有特色.这六首诗除结构奇巧外,更难得的是每首诗能紧紧抓住所咏物的特点,渐次展开,拓出不落俗套之深远意境,令人叹为观止,为之拍案叫绝!

《雪》

雪,

花片,玉屑.

结阴风,凝暮节.

高岭虚晶,平原广洁.

初从云外飘,还向空中噎.

千门万户皆静,兽炭皮裘自热.

此时双舞洛阳人,谁悟郢中歌断绝?

《月》

月,

暂盈,还缺.

上虚空,生溟渤.

散彩无际,移轮不歇.

桂殿入西秦,菱歌映南越.

正看云雾秋卷,莫待关山晓没.

天涯地角不可寻,清光永夜何超忽.

《泉》

泉,

色净,苔鲜.

石上激,云中悬.

津流竹树,脉乱山川.

扣玉千声应,含风百道连.

太液并归池上,云阳旧出宫边.

北陵井深凿不到,我欲添泪作潺湲.

《竹》

竹,

披山,连谷.

出东南,殊草木.

叶细枝劲,霜停露宿.

成林处处云,抽笋年年玉.

天风乍起争韵,池水相涵更绿.

却寻庾信小园中,闲对数竿心自足.

《花》

花,

深浅,芬葩.

凝为雪,错为霞.

莺和蝶到,苑占宫遮.

已迷金谷路,频驻玉人车.

芳草欲陵芳树,东家半落西家.

愿得春风相伴去,一攀一折向天涯.

《草》

草,

折宜,看好.

满地生,催人老.

金殿玉砌,荒城古道.

青青千里遥,怅怅三春早.

每逢南北离别,乍逐东西倾倒.

一身本是山中人,聊与王孙慰怀抱.

杜光庭的双塔宝塔诗《怀古今》

道教学者杜光庭写过两首著名的宝塔诗《纪道德》和《怀古今》,堪称代表作.下选《怀古今》,好文共赏,不可不看:

《怀古今》

古,今.

感事,伤心.

惊得丧,叹浮沉.

风驱寒暑,川注光阴.

始炫朱颜丽,俄悲白发侵.

嗟四豪之不返,痛七贵以难寻.

夸父兴怀于落照,田文起怨于鸣琴.

雁足凄凉兮传恨绪,凤台寂寞兮有遗音.

朔漠幽囚兮天长地久,潇湘隔别兮水阔烟深.

谁能绝圣韬贤餐芝饵术,谁能含光遁世炼石烧金.

君不见屈大夫纫兰而发谏,君不见贾太傅忌鹏而愁吟.

君不见四皓避秦峨峨恋商岭,君不见二疏辞汉飘飘归故林.

胡为乎冒进贪名践危途与倾辙,胡为乎怙权恃宠顾华饰与雕簪.

吾所以思抗迹忘机用虚无为师范,吾所以思去奢灭欲保道德为规箴.

不能劳神效苏子张生兮于时而纵辩,不能劳神效杨朱墨翟兮挥涕以沾襟.

　　杜光庭的《怀古今》虽砌到了 15 层之高,尽管如此,也不及杨辉三角形可以一直不断的写下去,以致无穷.

(3)联句宝塔诗

　　用宝塔诗联句,一人写两句并成对偶,称联句宝塔诗.中唐时的严维等八人有一次在一起对句,从一言对到九言:

东,

西.

步月,

寻溪.

鸟已宿,

猿又啼.

狂流碍石,

迸笋穿溪.

望望人烟远,

行行萝径迷.

探题只应尽墨,

　　　　　抟赠更欲封泥.

　　　　　松下流时何岁月,

　　　　　云中幽处屡攀跻.

　　　　　乘兴不知山路远近,

　　　　　缘情莫问日过高低.

　　　　　静听林下潺潺足湍濑,

　　　　　厌问城中喧喧多鼓鼙.

5.8.3　鲁迅的八行宝塔诗

　　1903 年,鲁迅在日本东京弘文学院学习,看到东京有一所中国留学生学习陆军的预备学校,名叫成城学校.学生都是由清政府选派的皇亲国戚,他们终日花天酒地,不求进取,只等混满时日,回国稳捞个军官.鲁迅看到这些情况十分气愤,便写了一首八行的宝塔诗来讽刺他们:

　　　　　兵,

　　　　　成城.

　　　　　大将军,

　　　　　威风凛凛.

　　　　　处处有精神,

　　　　　挺胸肚开步行.

　　　　　说什么自由平等,

　　　　　哨官营官是我本分.

　　由于宝塔诗的形式美,对后世新诗的发展影响很大.像胡适、郭沫若、徐志摩、冰心等著名诗人都曾经在创作新诗时采用过像宝塔、阶梯等诗行排列的形式,显得新颖别致.宝塔诗是我国民族文化独有的艺术形式,也是我国文学画廊中的一朵耀眼的奇葩.

　　古往今来的宝塔诗,都是底宽顶尖、两侧对称的结构.往往重叠诗题单字为双句,而后总是双句成行,每行每句递增一字;在行行递增的过程中,每行双句押韵,两句之间多成对偶.这种对称、和谐、坚实的宝塔结构,给人一种文思如泉、层出不穷、生生不息、叠彩成山的美感.这种富于美感的宝塔诗,从外形上看,就与杨辉三角数表十分相似.

　　其实还有一种"倒宝塔诗",下面列举两首在民间广为流传让人捧腹、颇具打油意味的宝塔诗.这是两首 1~7 字的正宝塔和倒宝塔组成的"正反宝塔诗",因为只是简单的 1~7 字的罗列,更容易被民间所接受。据说乃是两位"特殊"人士所作,其中一位是麻脸,另一位是秃顶。他们互相嘲笑,留下了两首颇具打油风格的宝塔诗.

　　这日两人见面,互致寒暄,看着对方的秃顶或者麻脸,不禁莞尔。这天是十五,月光明亮,秃子便邀麻子出门对月吟诗,麻子乐意奉陪。秃子见月光照在麻子脸上,越看越好笑,立即做一首宝塔诗云:

筛

藕芥

蜂窝开

雨打尘埃

后院虫吃菜

石榴皮翻过来

满地坑洼树待栽

　　秃子这首诗把麻子骂了个痛快,他很是得意,便对麻子说:"这首诗怎么样? 你也能做一首宝塔诗吗?"麻子见秃子有意侮辱自己,便说:"宝塔诗古人已有,不足为奇,我做首倒宝塔诗如何?"秃子说:"请教。"麻子就吟了一首诗如下:

一轮明月照九州

西瓜葫芦绣球

梳篦不上头

虮虱难留

光溜溜

净肉

球

秃子本想辱人,结果反被辱,满面羞愧,再也说不出话来了.自此,这首奇特的倒宝塔诗,便在民间流传开了.可以看出,宝塔诗不但具有欣赏性、趣味性,甚至还具有娱乐性.

5.8.4　对称数与回文对称句、回文对称联

深入"杨辉三角"的数字结构不难发现:每一行都是一组对称数.

(1)回文对称句

"杨辉三角"奇数行的数有奇数个,成中心对称,顺读反读都一样,跟文学里的回读诗句完全一致,称"回文对称句".比如:

"杨辉三角"第5行为1,4,6,4,1,对应的顺读反读都一样的句子有

蜜蜂酿蜂蜜;

风扇能扇风.

"杨辉三角"第7行为1,6,15,20,15,6,1.对应的顺读反读都一样的句子有

清水池里池水清;

门盈喜气喜盈门;

处处飞花飞处处;

重重绿树绿重重.

下面欣赏李旸的一首由每句皆为"回文对称句"构成的七律《春闺》:

垂帘画阁画帘垂,

谁系怀思怀系谁?

影弄花枝花弄影,

丝牵柳线柳牵丝.

脸波横泪横波脸,

眉黛愁浓愁黛眉.

永夜寒灯寒夜永,

期归梦还梦归期.

"杨辉三角"第 9 行为 1,8,28,56,70,56,28,8,1. 对应的顺读反读都一样的句子有

山西悬空寺空悬西山;

青岛多树木树多岛青;

狂风暴雨夜雨暴风狂;

中山绿草生草绿山中;

天上龙卷风卷龙上天;

下山牧马人马牧山下.

(2)回文对称联

"杨辉三角"偶数行的数有偶数个,成轴对称. 可对应两个对称的句子,即将前一句回读,便成了后一句,两句构成一联,称为"回文对称联". 比如:

"杨辉三角"第 8 行为 1,7,21,35,35,21,7,1. 对应的对联有

美言亦善,善言亦美.

同音容异,异音容同.

"杨辉三角"第 10 行为 1,9,36,84,126,126,84,36,9,1. 对应的对联有

客上天然居,居然天上客.

人过大佛寺,寺佛大过人.

贤出多福地,地福多出贤.

小窗寒梦晓,晓梦寒窗小.

谁与画愁眉,眉愁画与谁.

袖罗垂影瘦,瘦影垂罗袖.

"杨辉三角"第 14 行为 $1, 13, 78, 286, 715, 1287, 1716, 1716,$ $1287, 715, 286, 78, 13, 1.$ 对应的对联有

雨滋春树碧连天,天连碧树春滋雨.

风送花香红满地,地满红香花送风.

艳艳红花随落雨,雨落随花红艳艳.

这种"回文对称联"是对联中的上品.对联要求的对偶在数学里表现为对称,而"回文对称联"将联中的对称展现得特别完美.

5.8.5 递推链与连环诗

在"杨辉三角"数表中,每行首尾的数字是 1,中间的每个数正好是该数两肩上的两个数之和.这种层层递推的数链结构,是杨辉三角数表的又一种奇异美.这种美妙的结构,表现在文学中就是连环章.连环章与回文相比,环环相生,丝丝入扣,在连环递推作用下扩展.

典型的连环章最终扣回起点,形成回环,且每一句的最末一个字,是下一句的起首一个字,类似一种中心对称,更有魅力.下面是清·华广生写的

《桃花冷落》(连环诗)

桃花冷落被风飘,飘落残花过小桥.

桥下金鱼双戏水,水边小鸟理新毛.

毛衣未湿黄梅雨,雨滴红梅分外娇.

娇姿常伴垂杨柳,柳外双飞紫燕高.

高阁佳人吹玉笛，笛边鸾线挂丝绦．

绦结玲珑香佛手，手中有扇望河潮．

潮平两岸风帆稳，稳坐舟中且慢摇．

摇入西河天将晚，晚窗寂寞叹无聊．

聊推纱窗观冷落，落云渺渺被水敲．

敲门借问天台路，路过西河有断桥．

桥边种碧桃．

这首诗一气呵成，从"桃"字开始，层层递进．顶真连珠，环环相扣，第 21 环扣回原位，以初始的"桃"字作为诗的结尾．

回环文学的杨辉三角美，既表现为顶真式的连环，又可以同时表现为回文式的连环．

无论哪种连环诗，都十分顺畅、圆融．句与句之间的关系，跟杨辉三角行与行之间的层层递推异曲同工；全诗的首尾同字，也跟杨辉三角每一行的首尾同数结构相同．的确，回环诗在一定意义上体现了杨辉三角的神奇魅力．

第6章 诗歌打趣数学

6.1 数学打油诗

6.1.1 什么是打油诗和数学打油诗

打油诗最早起源于唐代民间,据说是一个叫张打油的人,写了一首"咏雪"诗:

江山一笼统,井上黑窟窿.

黄狗身上白,白狗身上肿.

此诗描写雪景,由全貌而及特写,由颜色而及神态.通篇写雪,不着一"雪"字,而雪的形神跃然.遣词用字,十分贴切、生动、传神.用语俚俗,格调诙谐幽默,轻松悦人,广为传播,无不叫绝.

打油诗是典型的俗文学,不拘于平仄格律,但一般地要求押韵.打油诗到了现代,更成为许多人的取乐、讽刺的工具,具有鲜明的时代特点.一般情况下,打油诗每句字数一定,有三言、四言、五言的,也有六言、七言的,如今也有一些长短句的现代打油诗.

"数学打油诗"是指与数学题材有关的"打油诗".本篇所收集的"数学打油诗",多为害怕数学而又不得不学数学的当今小青年所作,表现出他们在数学学习、数学考试以及对数学的认识中的一种无奈.这一类"打油诗"超搞笑,具有嬉皮士风格,于玩世不恭之中,吐露出的一种无奈,令人哭笑不得.其实,这也只是少量年轻人对数学的感觉.

据说新中国成立前,某生参加大学入学数学考试,因几何试题太难,一道题也做不出,无奈又无聊,便在卷面上写下打油诗一首:

　　人生在世能几何,何必苦苦学几何?

　　学了几何值几何? 不学几何又如何?

1570 年左右在欧洲大陆非常流行一首诗:

　　乘法原可恼,

　　除法亦不良,

　　黄金律太讨厌,

　　练习真使我发狂.

看来,中外深受数学之"苦"的人大有人在. 其实,这只是看到了数学的抽象性和严谨性. 数学不只是数学符号和图形的堆砌,更是一门有丰富内容的知识体系,是一种独特的文化. 她不但渗透到自然科学的各个领域,还渗透到社会科学的各个领域,包含着人文精神的方方面面. 数学蕴涵了哲学、美学、文学等人文精神,足以提高人的文化修养品质.

6.1.2　调侃数学的打油诗

《数学即兴诗一首》

　　高斯在吟唱,

　　伯努利在发慌,

　　到底是谁解开了矩阵的衣裳?

　　你说那个极大线性无关组就是秩么?

　　可为什么康托尔思考集合论却要找精神病院来帮忙?

　　阿基米德螺线是谁的开场?

　　以至于伯努利的墓志铭要以它来收场?

啊,来让我解一道二阶线性常系数非齐次微分方程来颂扬,

到底是谁闲得发慌,

研究这些,

让我们这些后人整天把做傅里叶三角变换当成开胃的酸汤!

《再会吧数学》

再会吧,毕达哥拉斯的上帝,

你使希腊人魂牵梦萦,

却时时蚕食着我的神经.

让无理数跳下悬崖吧①,

不要再对级数颦眉礼敬.

再会吧,欧几里得的圣徒,

你使爱琴海波光辉映,

却深深烦扰着我的心灵.

让圆周率沉入火湖吧,

不要再对平面暗动芳情.

再会吧,笛卡儿的幽灵,

解析的思辨使哲人孤独的存在,

我却因切线的存在而茫然.

不需再探研何谓抛物线,

我只要透过窗棂欣赏中原的春天.

---

① 毕达哥拉斯曾因他的弟子承认根号而被逼跳下悬崖.

再会吧,牛顿的情人,

微分的原罪使世界无情的运转,

我却因导数的运转而忧烦.

不需再参透何谓极小值,

我只需隐逸林莽亲吻芬芳的自然.

再会吧,莱布尼茨,拉格朗日,柯西,

高等数学的运筹者啊,

世界因你们而焕容资彩,

我虽然拜倒你们的声名,

却仍在心中油然视领袖而膜拜.

再会吧,帕斯卡,高斯,蒙特卡罗,

概率计量的工程师啊,

天堂因你们而香飘万载.

我虽然厌恶你们的博学,

却仍在笔下欣然视英雄而喝彩.

唉,弗兰西斯·培根①,

让我作你忠诚的仆人.

也许因为我太过愚笨,

或是惰然愈懒,躲入了享乐的空门.

《赞美数学的诗歌》

数学是个宝,

---

① 培根厌恶数学,因为数学不是实验的科学,是先验的科学.

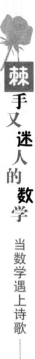

处处用头脑.

夜来灯火明,

细胞死多少.

《流行古诗体·学数学你伤不起》

天若有情天亦老,人学数学死得早.

商女不知亡国恨,隔江犹看概率论.

两岸猿声啼不住,互相谈论倾斜度.

问君能有几多愁?不定积分不会求.

忽如一夜春风来,正交矩阵不会排.

风萧萧兮易水寒,各种数学各种难.

垂死病中惊坐起,学数学你伤不起!

6.1.3 数学难学打油诗

《高中数学难》(诗三首)

一

首场做毕乐开怀,

数学场上紧皱眉.

泪眼无颜见江东,

师朋见状忙思切.

二

每考数学多烦躁,

只因思绪难入微.

平素见她无好感,

苦于衣锦也不悔.

三

字母符号无气息,

沁入心里顿生慧.

数少形时少直观,

形缺数时难入微.

《今日数学考试》

有一种选择题叫看起来都对……

有一种填空题叫一点也不会……

有一种计算题叫边做边流泪……

有一种证明题叫证明你愚昧……

有一种应用题叫边做边崩溃……

《数学令》

如浴春风似烈酒,数学浩瀚尽相游.

灯花璀璨蜡亮烁,纸笔苍寒墨枉流.

一往情深深几许,两处闲愁愁三秋.

夜以废寝不觉晓,拙笨依旧几时休

6.1.4　仿古名篇的数学打油诗

《考数学》——仿李白《蜀道难》

噫吁嚱,吐又泻哉,

数学之难难于上青天.

当年华罗庚,文革何其艰.

走了刚刚几十年,牛棚旧事苦也甜.

白纸黑字尽鸟题,考生未做先疯癫.

高楼大厦纵身跳,然后万千学子全玩完.

前有选择填空之魔爪,后有几何代数之梦魇.

状元之才尚不及格,我等鼠辈何须言.

数学何其难,拐弯抹角逗你玩.

捶胸顿足号啕哭,以手掩面泪万千.

数学老师你在哪,没你谁和它缠绵?

但见考生魂魄散,男男女女皆脑残.

又闻考试偏又怪,愁又烦,

数学之难难于上青天,使人听此凋朱颜,

三角函数冷似铁,立体几何更难缠,

概率导数轮番战,还有俩题没时间.

其难也如此,嗟尔无才之人胡为乎来哉.

大题狰狞而无尽,一题在卷,万生吓瘫.

所做岂是题,实乃狼与豺.

前怕审题,后怕计算,公式定理,从未记全.

数学何云乐,不如早出家.

数学之难,难于上青天,晕倒在地长咨嗟.

6.2 数学情诗

下面的"数学情诗"包括两种:一种是用数学名词、数学语言或数学内容来描述爱情的"数学情诗";一种是根据数学图形来比喻爱情的"数学情诗".其实,二者是很难以区分的.

6.2.1 用数学名词、数学语言或数学内容来描述爱情的"数学情诗"

《用数学语言写的情诗》

我们就像两个同心圆,

不管半径是否相同,

我们的心永远在一起;

我对你的思念，
就像无限循环小数，
一遍一遍永不停息；

你的生活是我的定义域，
你的思想是我的对应法则，
两者结合一起，
决定了我的活动值域；

如果有一天，
我们被分隔到异面直线两头，
我一定穿越时空的阻隔，
划条公垂线，向你冲来；

如果有一天，
我们不幸被上帝扔到数轴的两端，
正负无穷再难相见，
没有关系，
我只要求个倒数，
我们就能心心相依，
永远相伴；

零向量可以有很多方向，
却只有一个长度，
如同我一样，
可以有很多朋友，
却只有一个你值得我来守护.

《爱情的哥德巴赫猜想》

　　哥德巴赫猜想，
　　是世界著名数学难题.
　　中国数学家陈景润，
　　攻克了猜想中的一加二，
　　创造了一个科学奇迹.
　　而爱情实践的却是一加一，
　　犹如数论皇冠上的明珠，
　　究竟谁能完美摘取？

　　有人说爱情不是一加一，
　　一加一是爱情走进了婚姻.
　　还有人说婚姻也不是一加一，
　　一加一就是爱情陷入了绝恋.
　　爱情的神秘是不能言说的，
　　谁说了不是错误也一定是偏见.
　　然而所有人都在自信地言说爱情，
　　因为人人都有爱的权利.

《数学情歌》

　　难忘初次见到你，
　　高约根号二点四，
　　散发乌黑长半米，
　　眉像圆周四分一，
　　椭圆眼睛很美丽，
　　鼻子略超平均值，
　　笑容可将人醉死，

正视图永藏心里.

我们从此就相识,

好比两圆最合适.

大小两圆初相离,

相交内含后同心,

心心相印无距离.

时刻牵挂在心里,

和循环小数相似,

一遍一遍无休止.

生活好比坐标系,

就当 X 轴是你,

正弦曲线是自己,

转动始终围着你.

问我是否真爱你?

答案肯定似公理.

问我有多少爱意?

指数爆炸般无极.

问我是否会变心?

如解"化圆为方"题,

更如证得"1+1",

一样的遥遥无期!

《思念》

在秋风秋雨的线性空间中,

思念着往昔的线性关系.

任凭时光飞逝,

指向你的永远是那不变的爱情矢量.

多想这个世界是两个人的集合,

弥漫着天长地久的二元关系.

在这有限维空间中,

你的坐标就像天上的寒星,

——映射着无解的爱情方程.

在温馨的等价关系中,

曾经一起来到直角坐标系,

忘记了春华秋实之环,

忘记了无法摆脱的正交基,

你不再是我的正角补,

道不尽的是那亲密的同构.

恍然间,

你已杳然而去,

殷殷期待,

内积重圆,

编织那灿烂的欧氏空间.

《你是一道数学题》

你是一道数学题,

我借助加减乘除符号,

用心解读.

是分解,

还是化简,

演绎着属于你答案的唯一.

我用加号一遍遍阅读,

你数学词典般的完美,

徜徉于你内心，
每一个正解，
辛苦使我们懂得，
应怎样彼此珍惜.

我用减号一步步缩短，
与你心之间的距离.
让两个集合，
向同一个位置推移.
最终形成相切，
环绕下产生真子集.

我用乘号一次次累积，
你和我，
倍数的关系，
一路相知相惜.
让彼此饱含深情的凝视，
穿越灵魂的无声境域.

我用除号一点点擦去，
一路上，
来历不明的尘埃和风雨.
让荆棘失去发芽的土壤，
让一个字，
无需发出声来，
却震撼着琼宇.

《数学式爱情》

如果开心可以积分,

忧伤可以微分,

我愿把自己写进生活的算式,

等待岁月开出如花的结果.

也不让自己默默耕耘,

独自欢喜,独自哭泣.

如果难过不可以统计,

快乐无法分析,

那也该存在概率.

让我归纳那些存在心间,日记本间

的点点滴滴.

还记得那天,

远去你的背影如射线般没有尽头,

嘴角的弧笑,

却依然清晰.

是不是我们的缘分永远像个椭圆体,

有时亲近,有时又远离.

是不是我们的情谊像个地球仪,

咫尺却是千里.

如果幸福不可以矩阵排列,

痛苦更不应该极限到底.

你给我的只有复杂斑驳的

回忆,和堆堆难题.

　　我在流年的路口执笔苦算，

　　稿纸淹没了青春，

　　却忘了自己，

　　忘了自己，

　　其实本身就是一道无解的题.

《莱布尼茨的春天》·李日月

　　已知：诗歌，数学.

　　求证：诗歌+数学＝爱情.

　　证明：我追求：度数——

　　你的刘海上，

　　左起第三根与

　　右起第四根秀发

　　的幽雅的夹角；

　　你的殷红的

　　上唇与下唇

　　的热情的夹角；

　　你的白雪的

　　颈和肩

　　的感性的夹角.

　　我祈请：函数——

　　它们的八个三角函数值，

　　是那样精确地分别相等，

　　就像单位的本身.

　　我祷告：减法——

　　对你修长的玉腿，

提取公因式后,
余数为零.
我请求:作图——
胸部与臀部的切线,
是那样清凉地平行.
我请求:求导——
对于前后左右四条曲线,
我得出那玲珑的常数.
而弹性分析之后,
美好令我昏厥.

上帝,我祈请:献诗——
我谨以唇的丹丹旋律,
为你的曲致
献上一组天然的
方程式.

检验:只要水儿开心,
只要你的温柔对我稳定,
管它是三角形,
还是四边形.

今夜月明,
你的睫毛
飞出七十七只花喜鹊,
来接李大公子去畅游秋水.

6.2.2　根据数学图形来比喻爱情的"数学情诗"

《两条平行线》

　　　　你站在我的面前，
　　　　我站在你的面前，
　　　　你不能开口，
　　　　我不会说话.

　　　　我站在你的面前，
　　　　你站在我的面前，
　　　　我不会动弹，
　　　　你不能靠近.

　　　　你站在我的面前，
　　　　我站在你的面前，
　　　　就这样，
　　　　眼睛望着眼睛.

　　　　你站在我的面前，
　　　　我站在你的面前，
　　　　时间也终于垂垂老去.
　　　　无知的雨声张狂成神经错乱的钟摆，
　　　　满世界一片汪洋，
　　　　我们为什么要泪入雨流呵，
　　　　错就错在上天把我们雕琢得如此完美！

《三角形与圆形》

　　　　这是他俩的写照：

尖尖锐利的三角形

和温柔的圆偎依在一起,

圆以三角形的重心

作为自己圆规的中心,

圆周和顺地贯通

尖锐的三角顶,

这是典型的爱情公式轨迹,

自古遵循的定律.

看! 圆与三角形团聚.

虽他俩形状迥异,

似乎格格不入,

但他俩却能锲合同心,

融洽似夫妻.

这里看到一个很尖锐的人,通常是老公,

被另一个很温柔很圆滑的伴侣,

通常是老婆,包着.

《两圆位置关系》

两圆犹如两唇样,

相离眸视痴心想.

相切偎依春风起,

相交两合情荡漾.

内含慈生育情种,

同心绵长迎朝阳.

《悲伤的平行线》

当你说她笑得有多甜,

怎么现在才发觉.

这种感觉多么明显,

突然间快乐

就此搁浅在你和我之间.

我们像是两条平行线,

永远不能坦白面对面.

我在你的左边你在右边,

没有交叉点.

我们只是两条平行线,

走多远都没有碰面的终点.

而泪水只能含在心里面,

我害怕模糊了视线.

6.2.3　复旦大学数学系举办的"狄利克雷杯三行情诗大赛"

2012 年 12 月初复旦大学数学系曾举办了以德国数学家狄利克雷命名的"Dirichlet 杯三行情诗大赛",并在官方微博上晒出大家的作品.参赛的不仅有学生,也有教师,还有外校的学生.这组理科生的"浪漫密码"在文科生眼中像天书,理科生却能立刻意会.看似一本正经的数字、公式也能演绎出浪漫的爱情.在理科生眼中,复杂难懂的数学公式一经组合,就化身成为绵绵情话.经过网络投票统计与进一步评选,评出了一等奖 1 名,二等奖 3 名,三等奖 9 名.现精选数篇如下:

一等奖(1 名)

[

陌生,爱

)

作者:吴晨越,复旦 08 届数学系.

在所有作品中,这首情诗最受追捧."三个汉字、两个数学符号、一个标点符号,就组成了一首情诗".凝练简单、意蕴深厚,给人留下了很多想象的空间.情诗打动了许多师生和网友,让更多的人加入解读的行列.下面是对这首情诗的几种解读:

"男生女生还很陌生,但两人一见钟情,希望未来能走到一起."

"两个人拥有这个集合中的一切,唯独没有爱."

"一个函数区间,左闭右开,竟是如此准确地阐述了爱情的意义!陌路伊始,相爱无期,两个函数值之间是无限的故事……"

这首诗的作者吴晨越已从复旦大学数学科学学院毕业,目前在美国继续深造.他解释了自己的原意:"说的就是两个人拥有这个集合中的一切,唯独没有爱",表达了"苦思女神而不得的惆怅",同时他也大方接受了大家的解释,"每个人的眼中都有不同的世界".

"书不尽言,言不尽意",而诗歌的最高境界恰在于可言说与不可言说之间.简短的三行,每行都有"言不尽意"之处,尤其是最后一行,给人以无限想象的空间,把诗歌与数学美的深刻性与神秘性演绎得淋漓尽致!所以称得上好的数学诗.

复旦大学数学科学学院院长、长江学者郭坤宇也对这首学生作品欣赏有加:"从来大学报到那天的陌生到相识相知,这份同学之间的情谊和爱是无限的."

二等奖(3 名,选其 2)

如果你是正弦,

我就是余弦,

我们是傅里叶变换的一对基.

作者:高宝玮,北大 10 届物理系.情诗解读:数学里,sin 和 cos 真的是一对基!

我是 sin,你是 cos.

不求平方和,

只求 tan.

作者:葛启阳,复旦 11 届数学系.情诗解读:sin、cos 的平方和是 1,而 sin 除以 cos 得到 tan,tan 范围是正无穷到负无穷.其中意思是,两人的感情是无限延伸,不可估量的.

三等奖(9 名,选其 4)

高斯拿走了我的尺规,

从今以后我只好,

徒手为你修眉.

作者:张润生,复旦 11 届数学系.情诗解读:外行认为这是用数学给情感、给语言做密码.其实,诗和数都是美丽的语言,是数理与中国意象的结合.

郭坤宇教授:尺规作图是数学中最为经典的问题,画眉是很有美感的中国意象,同学能够用想象力把它们结合在一起,是把数学学活了.

我将对你的爱写进每一个微分里,

然后积起来,

直到无法收敛……

作者:邱稔之,复旦 10 届数学系.

爱是

小朋友叫我阿姨的时候,

你依然叫我小朋友.

作者:沙冰月,复旦 11 系社科院.

我久久解不开这道题,

不是我不会,

而是我希望能在你身边多待一会儿.

作者:张昊誉,上海交大 12 届电院.

6.3 数学情书

6.3.1 写给数学的情书

《一封数学情书》

我总是喜欢叫你术子,知道为什么吗? 因为你的名字和我最喜欢的数学有一个字发音相同,而且在小学的时候,数学就叫做算术.昨天,我写了一首诗,在这儿送给你.

术子,

你是我的对称轴,

如果没有你,

我找不到另一半自己;

术子,

你是我的值域,

如果没有你,

我不知道该去哪里;

术子,

你是我的公理,

如果没有你,

我没有一点头绪;

术子,

你是我的必要条件,

也许你可以没有我,

但是,

我绝对不能没有你!

好了,术子,到这吧,我的心真的永永远远都只有一个你.

写了这么多,你不会感到复杂吧? 最后,我还要写一句话.

答:我爱你.

6.3.2　清华数学老师的情书

清华大学数学老师的《数学情书》

据传这是一位清华资深的数学老师写给他的语文老师妻子的一封浪漫情书.它包含了高中所有的数学知识:

我们的心就是一个圆形,

因为它的离心率永远是零.

我对你的思念就是一个循环小数,

一遍一遍,执迷不悟.

我们就是抛物线,你是焦点,我是准线,

你想我有多深,我念你便有多真.

零向量可以有很多方向,却只有一个长度,

就像我,可以有很多朋友,却只有一个你,值得我来守护.

生活,可以是甜的,也可以是苦的,但却不能没有你,枯燥平平,

就像分母,可以是正的,也可以是负的,却不能没有意义,取值为零.

有了你,我的世界才有无穷大,

因为任何实数,都无法表达,我对你深深的 love.

我对你的感情,就像以自然对数 e 为底的指数函数,

不论经过多少求导的风雨,依然不改本色,真情永驻.

不论我们前面是怎样的随机变量,不论未来有多大的方差,

相信波谷过了,波峰还会远吗?

你的生活就是我的定义域,你的思想就是我的对应法则,

你的微笑肯定,就是我存在于此的充要条件.

如果你的心是 x 轴,那我就是个正弦函数,围你转动,有收有放.

如果我的心是 x 轴,那你就是开口向上、

Δ 为负的抛物线,永远都在我的心上.

我每天带给你的惊喜和希望,

就像一个无穷集合里的每个元素,虽然取之不尽,却又各不一样.

如果我们有一天身处地球的两侧,咫尺天涯,

那我一定顺着通过地心的大圆来到你的身边,哪怕是用爬.

如果有一天我们分居异面直线的两头,

那我一定穿越时空的阻隔,划条公垂线向你冲来,一

刻也不愿逗留.

但如果有一天,我们不幸被上帝扔到数轴的两端,正负无穷,生死相断,

没有关系,只要求个倒数,我们就能心心相依,永远相伴.

情人是多么的神秘,却又如此的美妙,

就像数学,可以这么通俗,却又那般深奥.

只有把握真题的规律,考试的纲要,

才能叩启象牙的神塔,迎接情人的怀抱!

清华大学冒出了一封"数学情书",号称"只有高中或高中以上水平才能看懂".枯燥的数学知识被感性地说出,不少女生被感动得一把鼻涕一把眼泪.

6.3.3　理科生写的数学情书

《一封理科生写的数学情书》

　　×××:你好!

　　亲爱的,你是我的充要条件.

　　没有你,推不出我.

　　没有我,推不出你.

　　故我俩相依相存!

　　亲爱的,你是我的元素.

　　没有你,我的集合永远只是个空集.

　　亲爱的,你是我的对称轴.

　　没有你,我永远找不到我的另一半.

　　亲爱的,你是我的定义域.

没有你,我的函数的存在毫无意义.

亲爱的,你是我的单调递增函数.

有了你,我的快乐一天胜过一天.

亲爱的,你是我的通项公式.

没有你,我永远无法找到自己的价值.

亲爱的,你是 P,我是 Q.

没有你,P 且 Q 永远只是一个假命题.

亲爱的,你是我的斜率.

没有你,我永远无法找到正确的方向.

亲爱的,你是我的圆心.

没有你,我永远无法组成一个完美的闭合曲线.

亲爱的,你是 A,我是 X.

没有你,A 的 X 次方永远无法恒大于零.

亲爱的,我是 sin,你是 cos.

没有你,tan 没有意义.

亲爱的,你是我的线性回归方程.

没有你,我永远只是一些迷途的散点,没有主心骨.

亲爱的,你是我的坐标系.

没有你,我永远无法找到自己的位置.

亲爱的,你是我的诱导公式.

没有你,我用永远不会灵活变通.

亲爱的,你是我的标准型.

没有你,我永远无法发现我的 $\max, \min, T, \varphi, \Omega$.

亲爱的,综上所述:

我和你在一起的概率为 1.

一位爱你的理科生

×年×月×日

6.4　短信里的数学

短信祝福,短信逗趣,是信息时代的又一发明.短信里除了有祝福之外,还有一类是在祝福中含有趣味的短信.在这种趣味的祝福短信中,时时也能见到数学的影子.

6.4.1　经典数学短信

我就是你的函数,随着你的自变量单调递增或递减.

你有无形的能量,把我的思维空间都改变.

祝愿你开心无穷,身体函数斜率为正,工作如平滑曲线顺顺利利!

愿您烦恼高阶无穷小,好运连续且可导,

快乐极限无穷大,金钱导数大于0.

祝敬爱的老师就像一次函数 $Y = kx(k > 0)$ 一样蒸蒸日上!

忧愁是可微的,快乐是可积的,从现在起到正无穷的日子里,幸福是连续的,且我对你祝福的导数是严格大于零的,随着时间的前进趋向于正无穷.

6.4.2　新年祝福短信里的数学

上帝叫我抛一枚硬币,说正面朝上就让你幸福一生,反面朝上就让你幸福一世,可硬币偏偏是立着,上帝无奈地说,就让你幸福一生一世吧!

新的1年就开始了,愿好事接2连3,心情4春天阳光,生活5颜6色7彩缤纷,偶尔8点小财,一切烦恼抛到

9 宵云外,请接受我 10 全 10 美的祝福.

其中"心情 4 春天阳光",取了"似"的谐音"4".

等一列地铁,五分钟;

看一场电影,三小时;

看月缺月圆,一月;

春去春来,一年;

想念一个人,一生!

可是一句关心的话,只需几秒钟.

祝你快乐!

祝福加祝福是很多个祝福,祝福减祝福是祝福的起点,祝福乘祝福是无限个祝福.

祝你一帆风顺,二龙腾飞,三阳开泰,四季平安,五福临门,六六大顺,七星高照,八方来财,九九同心,十全十美.

新年到了,送你一个饺子平安皮儿包着如意馅,用真情煮熟,吃一口快乐,两口幸福,三口顺利,然后喝全家健康汤,回味是温馨,余香是祝福.

传说薰衣草有四片叶子:第一片叶子是信仰,第二片叶子是希望,第三片叶子是爱情,第四片叶子是幸运.送你一棵薰衣草,愿你新年快乐!

在新的一年里,祝你十二个月月月开心,五十二个星期期期愉快,三百六十五天天天好运,八千七百六十小时时时高兴,五十二万五千六百分分分幸福,三千一百五十三万六千秒秒秒成功.

新年到了,想想没什么送给你的,又不打算给你太多,只有给你五千万:千万要快乐! 千万要健康! 千万要平安! 千万要知足! 千万不要忘记我!

6.4.3　短信里的数学幽默

语文老师:"哪有'半斤五两'这句成语?"学生:"考数学时,我答半斤等于八两得了零分."语文老师:"记住,作文时只能用老秤."

——旧制一斤是十六两,半斤等于八两.成语半斤八两比喻彼此一样,不相上下.

父:上次你考了 20 分,我打了你 20 下.看这次你考多少分.

子:那这次您就别打我了.

父:为什么?

子:因为我考了 0 分.

父:……

——这真是个聪明的儿子,他发现了考试分数与被打数量之间的正比例函数关系.

一对青年坐在沙滩上.男青年在地上画了个圈说:"我对你的爱,就像这圆圈,永远没有终点."女青年也画个圈说:"我对你的爱,永远没有起点."

——几何中的圆,没有终点也没有起点,看问题的立场不同,关注的焦点和得出的结论当然不同.

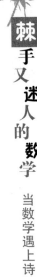
6.5 数学版的流行歌曲

数学总被人贴上严肃与枯燥的标签,其实任何事物都不能将其绝对化.请看下面这些与数学有关的流行歌曲,可知数学与音乐、与时尚,又是如何恰当融合的!

创作出这些优美的歌曲,其中有职业音乐制作人,也有不知名的草根.有人利用数学创作歌曲,有人利用数学改编流行歌曲的歌词。下面我们介绍几首流行歌曲,体会创作者是如何将数学和音乐完美结合的.

6.5.1 数学歌词配流行歌曲曲调

《初恋的记忆(数学版)》(配《青花瓷》曲调)

    信笔勾勒出坐标,
    思路明转暗.
    空间描绘的曲线,
    一如你出场.
    逐项积分求过导,
    后事我茫然,
    稿纸上走笔至此搁一半.

    函数展成傅里叶,
    系数被私藏.
    而你收敛的一笑,
    如二次曲面,
    你的美一缕发散,

去到我去不了的地方.

右手规则解叉积,
而我在解你.
泰勒悄悄用起
式子千万里,
在课本书积分仿牛顿的飘逸,
就当我为读懂你伏笔.

变量代换算周期,
而我在算你.
高斯被打捞起
明白了结局.
如传世的洛必达自顾自美丽,
你眼带笑意.

逐渐逼近的级数跃然于眼里,
临摹柯西落笔却惦记着你.
你隐藏在方程里百年的秘密,
极细腻犹如绣花针落地.
收敛半径惹连续,
区间惹值域.
而我使用那三重积分惹了你,
在旋转抛物面里,
你从截痕深处被隐去.

　　这首歌的歌词作者通过学习微积分的过程和经历,类比对自己心爱的人的美好回忆,想起心爱的人出场时刻,想起心爱的人嫣

然一笑,还想起心爱的人发散的秀发,最后心爱的人却从截痕深处隐去,去到"自己去不了的地方",那种无奈的心情,如同展开的函数不知道它的系数. 由此可见,爱情如数学问题那样深奥,更像数学定理那样美好.

《高数》(配《兰亭序》曲调)

　　数学难学,高数如高山流水.

　　函数数列,何时也为我收敛.

　　开和闭,区间易理解,却难求你极限.

　　映射也,映不进心间.

　　函数连续,却也不一定可导.

　　然而可导,竟又一定会可微.

　　导数高阶,问莱布尼茨,他到底是个谁?

　　有间断点,而我不曾觉.

　　费马初现,我渐渐入深渊.

　　罗尔浅笑,顿觉头晕目眩.

　　拉格朗日,落井下石最会.

　　而我独缺,对柯西的了解.

　　费马初现,我渐渐入深渊.

　　罗尔浅笑,顿觉头晕目眩.

　　拉格朗日,落井下石最会.

　　而我独缺,对柯西的了解.

　　费马初现,我渐渐入深渊.

罗尔浅笑,顿觉头晕目眩.

拉格朗日,落井下石最会.

而我独缺,对柯西的了解.

水笔疾飞,草稿顷刻间湮灭.

铃声响却,佩亚诺才刚出现.

展开没,泰勒很复杂,麦克劳林简约.

求极限,洛必达无愧.

人事纷飞,单调改用求导解.

凸还是凹,目测早已不精确.

试卷最黑,题设常千山万水,总被蒙骗.

驻点拐点,到底谁是谁?

费马初现,我渐渐入深渊.

罗尔浅笑,顿觉头晕目眩.

拉格朗日,落井下石最会.

而我独缺,对柯西的了解.

费马初现,我渐渐入深渊.

到底等谁,伯努利傅里叶.

几人痴醉,却恨透了数学.

我最可悲,只爱上你的美.

《一道数学题》(配《老男孩》曲调)

那是我日夜思考的一道数学题呐,

到底我该如何解答,我能够得分吗,

也许永远都不会做这类型的题呀，
注定我要考得很差，怎么能有牵挂，
满分虽说遥不可及，我绝不应该放弃，
花开花落又是雨季，春天啊你在哪里，
青春如同奔流的江河，一去不回来不及道别，
只剩下麻木的我没有了当年的热血，
看那漫天飘零的花朵，在最美丽的时刻凋谢，
有谁会记得这道题它考过，
转眼过去三年时间多少离合悲欢，
曾经志在四方少年羡慕南飞的燕，
各自奔前程的身影匆匆渐行渐远，
未来在哪里平凡啊谁给我答案，
那时教过我的人啊你们如今在何方，
我那敬爱的老师啊现在是什么模样，
当初的愿望实现了吗，事到如今只好祭奠吗，
任岁月风干理想再也找不回真的我，
抬头仰望着满天星河，那时陪伴我的数学课，
这里的故事你是否还记得.

生活像一把无情刻刀，改变了我们模样，
未曾绽放就要枯萎吗，我有过梦想，
青春如同奔流的江河，一去不回来不及道别，
只剩下麻木的我没有了当年的热血，
看那满天飘零的花朵，在最美丽的时刻凋谢，
有谁会记得这道题它曾考过，
当初的愿望实现了吗，事到如今只好祭奠吗，
任岁月风干理想再也找不回真的我，

抬头仰望着满天星河,那时陪伴我的数学课,

这里的故事你是否还记得,如果有明天我还是要

考的.

《一道数学题》作者没有介绍数学知识,只是利用一道数学题来表达作者在学习和考试中的情感以及人生感悟.

《数学分析歌》(配《月亮之上》曲调)

拉格朗日,傅里叶旁,

我凝视你凹函数般的脸庞.

微分了忧伤,

积分了希望,

我要和你追逐黎曼最初的梦想.

感情已发散,

收敛难挡,

没有你的极限,柯西抓狂.

Rap:我求导我求和,

我的心已成自变量.

函数因你波起波荡,

Oh yeah, oh yeah.

低阶的有限阶的,

一致的不一致的,

是我想你的佩亚诺余项,

Oh yeah, oh yeah.

狄利克雷、勒贝格、杨,

一同仰望莱布尼茨的肖像.

拉贝、泰勒,无穷小量,

是长廊里麦克劳林的吟唱.

打破了确界,你来我身旁.

温柔抹去我,阿贝尔的伤.

Rap:我求导我求和,

我的心已成自变量.

函数因你波起波荡,

Oh yeah, oh yeah.

低阶的有限阶的,

一致的不一致的,

是我想你的佩亚诺余项,

Oh yeah, oh yeah.

《因为爱情》(数学版) (配《因为爱情》曲调)

武汉一中一个叫田然的学生根据流行歌曲《因为爱情》,改编了一首中考数学版的歌曲.用《因为爱情》的旋律唱出来,大家非常喜欢.后来,《因为爱情》涉及语文、数学、英语、物理、化学、历史、政治、综合、体育等9科,共有9个版本.每个版本的内容都和各自的学科特点有关.下面是《因为爱情》的数学版:

给你一本做过的练习,看看那些错过的解析.

也许有时会忘了,我们证的大题.

再想不出那样的证明,看见就会捂着脸躲避,

总是会经常忘记,几何怎么分析.

因为数学,怎么会有沧桑,所以一切都是头疼的

模样,

因为数学,在那个地方,依然还有25个题目,冥思

苦想.

《数学的供养》(配《爱的供养》曲调)

> 把你捧在手上,
> 对着你迷惘
> 写下 N 个次方,
> 我为你痴狂,
> 不求荡气回肠,
> 只求算一场,
> 算到最后受了伤,
> 结果那么长.
>
> 我用了 N 天 N 夜来将你供养,
> 只期盼你停住函数的增长,
> 请赐予我无限化简计算的力量,
> 让我不用对圆锥曲线,
> 久久地观想.
> 把你放在空间,
> 牵起了红线,默默构建平面,
> 描绘你的脸,
> 鼻唇垂直相间,
> 焦点是眉眼
> 累了枕一堆概念,
> 在梦里分辨.
>
> 我用了 N 天 N 夜来将你供养,
> 只期盼你停住函数的增长,

请赐予我无限化简计算的力量，
让我不用对圆锥曲线，
久久地观想.

我用了 N 天 N 夜来将你供养，
只期盼你放开几何的阻挡，
题海中漂荡着你那抽象的模样，
一回头发现早已踏过了稿纸万丈.

6.5.2　明星演唱的数学版流行歌曲

《高等数学》(作词、作曲、演唱:陈骁强)

伴随着
上课铃带来新的杯具，
每题都让我头脑发晕.
纠结在漫漫函数式里，
找不到方向让自己逃离.

牛顿柯西和麦克劳林，
欧氏空间有多少交基.
矩阵排列有什么意义，
limit y 到底等于几?

看身旁同样苦恼的你，
多想我能够帮帮你，
只能怪自己学艺不精，
错失了良机.

高等的数学我永远都搞不懂，
就像你的心，我猜不透．
每夜我都要刻苦用功，
然后在梦里来把你研究．

高等的数学我永远都想不通，
就像你的心，我猜不透．
到底该怎样把你定义，
你心在谁那里？

我的心已变成自变量，
一切因你而波起波荡．
要怎样打破你的确界，
让你能来到我身旁．
发誓要为你加倍用心，
头再晕也不能放弃．
妈妈要喊我回家吃饭，
不行我还有高数题．

看身旁同样苦恼的你，
终于我能够帮帮你，
看着你对我笑的表情，
兴奋难压抑！

高等的数学我永远都搞不懂，
就像你的心，我猜不透．
每夜我都要刻苦用功，

然后在梦里来把你研究.

这首歌的歌词使用一些数学家名字和数学名词,如,牛顿、柯西、麦克劳林、函数、欧氏空间、交基、矩阵、排列等.作者为了帮助心爱的人解答高等数学题,由讨厌数学变成努力学习数学,与其说爱情是学习数学的原动力,还不如说高等数学是爱情的红线.

《圆规》(作词、作曲、演唱:蓝又时)

我向左转了半圆又向右转了半圈,
不自由的走着,
成了中心点.

抬起头望着远方我看不见了方向,
我停止步伐.

你经过我的左边又经过我的右边,
你走了一个圆,
是什么样的空间你站在我的对面.

我抬起头看着你你从来不看我吗,
我在这里啊,
你从不将我和你转变成一条线.

你说呀不说吗选择了沉默吗?
用双手拥抱我自己仿佛就能温暖吗?
你说呀不说吗别对我沉默好吗?
我让自己离开你但为什么还在这里等你.

你经过我的左边又经过我的右边,

你走了一个圆,

是什么样的空间你站在我的对面,

我们却有了界限.

我抬起头看着你你从来不看我吗?

我在这里啊!

你从不将我和你转变成一条线.

用双手拥抱我自己仿佛就能温暖吗?

你说呀不说吗别对我沉默好吗?

我让自己离开你但为什么还在这里等你.

你说呀不说吗选择了沉默吗?

用双手拥抱我自己仿佛就能温暖吗?

你说呀不说吗别对我沉默好吗?

我让自己离开你但为什么还在这里等你.

《哥德巴赫猜想》(作词、作曲、演唱:后弦)

哥德巴赫,沉思眉头紧锁.

两个素数的和,一个假设,一七四二.

数学方程传说,机关算尽怎么,难以突破?

简单复杂,两个人的几何,

推了又敲,能有什么结果,简单的谜,

古今乐此不疲,算术大师的困惑.

句句承诺,订下铁锁,信誓旦旦却又双双未果.

哥德巴赫猜,猜不破情谜未来;

哥德巴赫猜,三十六计走为上;

哥德巴赫猜,脑袋半火一半海;

哥德巴赫猜,他猜到头发已发白.

多少,一加一的爱,哥德巴赫猜,有点无奈!

算了,没结果也好,传说中真实的味道.

　　著名的哥德巴赫猜想和流行歌曲有关联吗,在这首歌中,两者之间被赋予了奇妙的联系,两个人一加一的感情复杂困惑,就算大师猜一辈子也没结果.歌曲以一段十八世纪西方古典钢琴曲为开头,做了一次新的尝试,在过门和结尾处跳出的钢琴和吉他协奏,再配上戏曲腔调的吟唱,让整首歌曲充满了东西方风格大胆碰撞的火花.

　《悲伤的双曲线》(作词、作曲、演唱:王渊超)

如果我是双曲线,恩,你就是那渐近线.

如果我是反比例函数,你就是那坐标轴.

虽然我们有缘,能够生在同一个平面.

然而我们又无缘,恩,慢慢长路无交点.

为何看不见,等式成立要条件.

难到正如书上说的,无限接近不能达到.

如果我是双曲线,恩,你就是那渐近线.

如果我是反比例函数,你就是那坐标轴.

虽然我们有缘,能够生在同一个平面.

然而我们又无缘,恩,慢慢长路无交点.

为何看不见,等式成立要条件.

难到正如书上说的,无限接近不能达到.

为何看不见,明月也有阴晴圆缺.

　　此事古难全,但愿千里共婵娟!

　　此事古难全,但愿千里共婵娟!

　　这首歌的歌词使用大量的数学名词,如,双曲线、渐近线、反比例函数、坐标轴、平面、等式、交点.最难得是作者用双曲线和渐近线无法相交的这个数学事实来映射两个相爱的人无法结合这一主题.这首歌忧伤的旋律和两个相爱的人无法结合的无奈心情完美结合,可谓经典佳作.

　　《我不是数学家》(作词、作曲、演唱:魏如萱)

　　　　　阳光下你牵着我的手,

　　　　　没有什么话急着想说.

　　　　　被相连的影子拖走,

　　　　　是我的心我的心,

　　　　　纵使一点点风声泄漏.

　　　　　再温柔的谎话都别说,

　　　　　这风景里最恼人的.

　　　　　是我的心我的心,

　　　　　我加上你加上他,

　　　　　有没有公式让我想想办法.

　　　　　我加上你加上爱,

　　　　　等不等于你爱他无价,

　　　　　我恨我不是数学家.

　　　　　青春该不该偏爱忧愁,

　　　　　失恋该不该假装幽默.

　　　　　可你却牵着我的手,

　　　　　给了他你的心.

273

我加上你加上他,

有没有公式让我想想办法.

我加上你加上爱,

等不等于你爱他无价.

三人各有算法,

我加你加上他,

有没有正确答案无关惩罚.

我加上你减掉爱,

等不等于你正在想他,

我恨我不是数学家.

我恨我不是数学家,

我不是数学家.

　　由陈珊妮一手打造的富有哲学意味的《我不是数学家》这首歌的歌词很容易引起人的共鸣,加上魏如萱在演绎这首歌时,咬字也很不一样,有种略带狡黠精灵而又满腹忧愁的感觉.魏如萱空灵轻盈多变的声音,的确很好听.总之,这是一首很出彩的歌.

　　《抛物线》(作词:小寒　作曲并演唱:蔡健雅)

我确实说,我这样说,我不在乎结果.

我对你说,我有把握,成功例子好多.

人们虚假又造作,总爱得不温不火.

我们用真心就不会有差错,

我没想过我会难过 你竟然离开我.

爱沿着抛物线,离幸福,总降落得差一点.

流着血心跳却不曾被心痛消灭,真真切切.

青春的抛物线,把未来始于相遇的地点.

至高后才了解,世上月圆月缺只是错觉.

我好想说,我只想说,我不要这后果.

可是你说,相对来说,走开是种解脱.

当初亲密的动作,变成当下的闪躲.

感情的过程出了什么差错,

我没想过我会难过 你终于离开我.

爱沿着抛物线,离幸福,总降落得差一点.

流着血心跳却不曾被心痛消灭,真真切切.

青春的抛物线,把未来始于相遇的地点.

至高后才了解,世上月圆月缺只是错觉.

爱沿着抛物线,离幸福,总降落得差一点.

流着血心跳却不曾被心痛消灭,真真切切.

青春的抛物线,把未来始于相遇的地点.

至高后才了解,世上月圆月缺只是错觉.

至高后才了解,世上月圆月缺只是错觉.

只是错觉!

这是一首速写爱情百态的经典歌曲.以抛物线原理,点出城市男女面临爱情事与愿违的不甘与无奈.简单不繁复的旋律,自我对话式的文字铺陈,而蔡键雅以淡然呢喃的嗓音,吟唱出现代人对爱情的感慨.

《恋爱方程式》(作词:小寒　作曲:NICO　演唱:林嘉欣)

恋爱加点浪漫,

然后减去伤感.
乘上一些孤单,
再除以判断.
拥抱更加温暖,
能够减轻不安.
趁机做试探,
除非你不敢.
你还在揣测答案,
胡思乱想.
害怕被爱等于受伤,
就快要散场.
爱他就应该对他讲,
你难免心慌意乱.
失措彷徨,
爱怎么和想象不一样.
所有的心烦,
都被放大二次方.

如果听其自然,
就能轻易过关.
要爱就别隐瞒,
错过已太晚.
你还在揣测答案,
胡思乱想.
害怕被爱等于受伤,
就快要散场.
爱他就应该对他讲,

你难免心慌意乱.

失措彷徨,

爱怎么和想象不一样.

所有的心烦,

都被放大二次方.

你还在揣测答案,

胡思乱想.

害怕被爱等于受伤,

就快要散场.

爱他就应该对他讲,

你难免心慌意乱.

失措彷徨,

爱怎么和想象不一样.

所有的心烦,

都被放大二次方.

所有的心烦,

都被放大二次方.

6.5.3 《爱在西元前》的各种数学版本

数学版本一(演唱:长安绿秋)

欧几里得留下了几何原本,

传抄在雪白的羊皮纸上,

距今已有两千三百多年.

阿波罗尼生于帕加,

凝视着永恒的圆锥曲线.

丢番图却在静静地欣赏不定方程的解.

微分、级数、离散、收敛是谁的发现?
喜欢你在连续之中逼近我的极限,
经过剑桥三一学院,
我以牛顿之名许愿,
思念就像傅里叶级数一样蔓延,
当空间只剩下拓扑的语言,
映射就成了永垂不朽的诗篇.

我给你的爱写在西元前,
深埋在康托尔集合里面.
用超越数去超越永远,
那没有尽头的无穷
一切又重现.
爱在数学间,爱在数学间.

数学版本二

芝诺作出阿克琉斯追不上乌龟的妄言,
宣告无穷概念的诞生距今已有两千三百多年.
欧几里得几何,天才的孜孜不倦,
用演绎归纳划出逻辑的光辉极值点.

极限,变换,完备,收敛,是谁的发现?
喜欢在希尔伯特空间你只属于我的那颗不动点.
经过剑桥三一学院,我以牛顿莱不尼茨之名许愿,
思念像傅里叶级数展开般的蔓延.

当分析只剩下 $\varepsilon\text{-}N$ 语言,

康托尔连续统假设就成了永垂不朽的诗篇.

我给你的爱嵌入在黎曼微分流形里面,

隔一个世纪再一次发现高斯绝妙定理依然光芒

耀眼.

我给你的爱写在哥德巴赫猜想里面,

用费尔马大定理刻下了永远,

那一仿射不变的经典,

不会再重现.

我感到很疲倦, 慢慢发散到无穷远,

害怕再也不能收敛到你身边.

数学版本三(作词:方文山　作曲并演唱:周杰伦)

古巴比伦王颁布了汉谟拉比法典,

刻在黑色的玄武岩,

距今已经三千七百多年.

你在橱窗前,

凝视碑文的字眼,

我却在旁静静欣赏你那张我深爱的脸.

祭司神殿征战弓箭是谁的从前,

喜欢在人潮中你只属于我的那画面.

经过苏美女神身边,

我以女神之名许愿.

思念像底格里斯河般的漫延,

当古文明只剩下难解的语言,
传说就成了永垂不朽的诗篇.

我给你的爱写在西元前,
深埋在美索不达米亚平原.
几十个世纪后出土发现,
泥板上的字迹依然清晰可见.
我给你的爱写在西元前,
深埋在美索不达米亚平原.
用楔形文字刻下了永远,
那已风化千年的誓言,
一切又重演.

祭司神殿征战弓箭是谁的从前,
喜欢在人潮中你只属于我的那画面.
经过苏美女神身边,
我以女神之名许愿.
思念像底格里斯河般的漫延,
当古文明只剩下难解的语言,
传说就成了永垂不朽的诗篇.

我给你的爱写在西元前,
深埋在美索不达米亚平原.
几十个世纪后出土发现,
泥板上的字迹依然清晰可见.
我给你的爱写在西元前,
深埋在美索不达米亚平原.

用楔形文字刻下了永远,

那已风化千年的誓言,

一切又重演.

我感到很疲倦离家乡还是很远,

害怕再也不能回到你身边.

我给你的爱写在西元前,

深埋在美索不达米亚平原.

几十个世纪后出土发现,

泥板上的字迹依然清晰可见.

我给你的爱写在西元前,

深埋在美索不达米亚平原.

用楔形文字刻下了永远,

那已风化千年的誓言,

一切又重演.

爱在西元前!

爱在西元前!

　　周杰伦的代表作竟然和数学也扯得上关系? 不错,就是这首《爱在西元前》! 虽然他发音含糊慵懒在不断考验着你的听力,但歌曲旋律和歌词的独到之处,还是让人喜爱这首歌. 因为这首歌大家太熟悉了,反倒没人注意到歌词里的两河流域古文明和数学知识. 其实美索不达米亚平原出土的楔形文字泥板上,绝大部分记录的都是数学内容. 譬如基本计数、一元二次方程等. 而歌词将其美化为刻的是"千年思念的爱恋",这不过是抒情表达的需要!

6.5.4　各种版本的《最炫数学风》

　　由国内著名音乐人张超填词谱曲、凤凰传奇演唱的《最炫民族风》，已红遍大江南北乃至全世界（从网上获知很多美国的健身房都用这首歌做健身的音乐），就像红遍全球的《江南 Style》一样，各种版本的模仿曲子都出来了：节奏感十足、鼓点平稳的舞曲旋律，配上众多精彩搞笑的视频，就成就了民族风的"全球化"演出. 甚至连一向低调的数学人也按捺不住了，也来了一首《最炫数学风》，下面是搜到的各种版本的《最炫数学风》.

　　版本一

　　　　苍茫的算数是我的爱，

　　　　绵绵的 A 本脚下花正开.

　　　　什么样的几何是最呀最摇摆，

　　　　什么样的方程才是最开怀.

　　　　弯弯的题目从天上来，

　　　　流向那万紫千红一片海.

　　　　火辣辣的根式是我们的期待，

　　　　一路边走边做才是最自在.

　　　　我们要做就要做得最痛快，

　　　　你是我手边，最难的题目，

　　　　让我用题把你留下来.（留下来）

　　　　悠悠地做着最炫的函数题，

　　　　让题卷走所有的尘埃.

　　　　（我知道）你是我手边，最难的题目，

　　　　给出解法让你留下来.（留下来）

　　　　永远都做着，最炫的函数题，

是整片草稿最美的笔迹.(留下来)

哟啦啦呵啦呗! 伊啦嚓啦呵啦呗呀!

我听见你嘴上动人的天籁,

登上天外云霄的讲台.

苍茫的算数是我的爱,

绵绵的 A 本脚下花正开.

什么样的几何是最呀最摇摆,

什么样的方程才是最开怀.

弯弯的题目从天上来,

流向那万紫千红一片海.

火辣辣的根式是我们的期待,

一路边走边做才是最自在.

我们要做就要做得最痛快,

你是我手边,最难的题目,

让我用题把你留下来.(留下来)

悠悠地做着最炫的函数题,

让题卷走所有的尘埃.

(我知道)你是我手边,最难的题目,

给出解法让你留下来.(留下来)

永远都做着,最炫的函数题,

是整片草稿最美的笔迹.

你是我手边,最难的题目,

让我用题把你留下来.(留下来)

悠悠地做着最炫的函数题,

让题卷走所有的尘埃.

(我知道)你是我手边,最难的题目,

给出解法让你留下来.(留下来)

永远都做着, 最炫的函数体,

是整片草稿最美的笔迹.

我听见你嘴上那动人的天籁,

就忽如一夜 A 本袭来满面桃花开.

我忍不住去做, 我忍不住去解.

我敞开笔袋为你解题,

你是我手边, 最难的题目,

让我用题把你留下来.

悠悠地做着最炫的函数题,

让题卷走所有的尘埃.

(我知道)你是我手边, 最难的题目,

给出解法让你留下来. (留下来)

永远都做着, 最炫的函数题,

是整片草稿最美的笔迹.

版本二(作词:忠外颖莲)

神奇的数字是我的爱,

用加减乘除把它们连起来.

什么样的回答是最呀最精彩,

24 点让我们都乐开怀.

一年级的逗猴比谁快,

小小的魔方也都转起来.

几何图形拼出呀我们的期待,

华容道是中华文明的精彩,

我们要玩就要玩得最痛快.

你是我天边最美的云彩,

让我用心把你算出来.(算出来)

悠悠地唱着最炫的数学风,

学好数学还得慢慢来.

(我知道)数学是心中最美的云彩,

异想天开不再是意外.

永远都唱着,最炫的分析风,

是数学世界美妙的姿态.

参 考 文 献

蔡天新.2003.数字和玫瑰.北京:生活·读书·新知 三联书店

蔡天新.2008.数学与人类文明.杭州:浙江大学出版社

大罕.2007.试论数学诗及现代数学诗.中学数学研究,(7)

邓东皋,孙小礼,张祖贵.1999.数学与文化.北京:北京大学出版社

多人.2010.中国新诗总系.北京:人民文学出版社

费林北.2000.迷人的彩虹——美中的数.上海:上海科学普及出版社

郭世荣.2000.算法统宗导读.武汉:湖北教育出版社

李文林.2005.数学史概论.北京:高等教育出版社

李怡.1994.中国现代新诗与古典诗歌传统.重庆:西南师范大学出版社

梁柯.1993.数学美揽胜.南宁:接力出版社

林庚.2006.唐诗综论.北京:清华大学出版社

刘健飞,张正齐.1989.数学五千年.武汉:湖北少年儿童出版社

裴国昌.1993.中国名胜楹联大辞典.北京:中国旅游出版社

苏步青.2000.数与诗的交融.天津:百花文艺出版社

谈祥柏.2005.乐在其中的数学.北京:科学出版社

王光明.2003.现代汉诗的百年演变.石家庄:河北人民出版社

王蒙.2003.我的人生哲学.北京:人民文学出版社

王全乐等.1998.数学巡礼.北京:教育科学出版社

王树禾.2004.数学聊斋.北京:科学出版社

吴文俊.1995.世界著名科学家传记(2集).北京:科学出版社

吴义方,吴卸耀.2005.数字文化趣谈.上海:上海大学出版社

武立金.1999.数文化鉴赏词典.北京:军事谊文出版社

熊辉.2010.五四译诗与早期中国新诗.北京:人民出版社

徐纪敏.1987.科学美学思想史.长沙:湖南人民出版社

徐利治.2001.徐利治论数学方法学.济南:山东教育出版社

徐品方,徐伟.2008.古算诗题探源.北京:科学出版社

易南轩,王芝平.2008.多元视角下的数学文化.北京:科学出版社

易南轩,王芝平.2009.数学星空中的璀璨群星.北京:科学出版社

郁祖权.2004.中国古算解趣.北京:科学出版社

张楚廷.2004.数学文化.北京:高等教育出版社

张顺燕.2004.数学的美与理.北京:北京大学出版社

张维忠.2005.文化视野中的数学与数学教育.北京:人民教育出版社

邹瑾,扬国安.2003.开心数学.哈尔滨:哈尔滨工业大学出版社